民族文字出版专项资金资助项目
新型职业农牧民培育工程教材

油菜栽培技术

པད་ཁ་འདེབས་གསོ་ལག་རྩལ།

农牧区惠民种植养殖实用技术丛书（汉藏对照）

《油菜栽培技术》编委会　编

青海人民出版社

图书在版编目(CIP)数据

油菜栽培技术：汉藏对照／《油菜栽培技术》编委会编；夏吾索南译. -- 西宁：青海人民出版社，2016. 12(2020. 11 重印)
（农牧区惠民种植养殖实用技术丛书）
ISBN 978-7-225-05294-6

Ⅰ. ①油… Ⅱ. ①油… ②夏… Ⅲ. ①油菜—蔬菜园艺—汉、藏 Ⅳ. ①S634. 3

中国版本图书馆 CIP 数据核字（2016）第 322368 号

农牧区惠民种植养殖实用技术丛书
油菜栽培技术(汉藏对照)
《油菜栽培技术》编委会 编
夏吾索南 译

出 版 人 樊原成
出版发行 青海人民出版社有限责任公司
西宁市五四西路 71 号 邮政编码：810023 电话：(0971)6143426（总编室）
发行热线 (0971) 6143516 / 6137730
网 址 http: // www. qhrmcbs. com
印 刷 青海新华民族印务有限公司
经 销 新华书店
开 本 890mm×1240mm 1/32
印 张 5
字 数 116 千
版 次 2016 年 12 月第 1 版 2020 年 11 月第 3 次印刷
书 号 ISBN 978 – 7 – 225 – 05294 – 6
定 价 16.00 元

《油菜栽培技术》编委会

主　　编：李吉环

副 主 编：王　维

编写人员：史瑞琪　王　维　许永丽　吴晓林

　　　　　彭冬梅　赵增跃　张优良

翻　　译：夏吾索南

《པད་ཁ་འདེབས་གསོ་ལག་རྒྱལ》

རྩོམ་སྒྲིག་ཨུ་ཡོན་ལྷན་ཁང་།

གཙོ་སྒྲིག་པ། ལི་ཙི་ཧྲོན།

གཙོ་སྒྲིག་པ་གཞོན་པ། ཡང་ལེ།

རྩོམ་སྒྲིག་མི་སྣ། ཧེ་རུའི་ཆེ། ཡང་ལེ། ཞུས་ཡུང་ལི། སྲུའུ་ཞའོ་ལིན།
ཕེང་ཀྲུང་མེ། ཀྲའོ་ཙེང་ཡུའེ། ཀྲང་ཡིའུ་ལིའང་།

ཡིག་སྒྱུར་པ། ཞ་བོ་བསོད་ནམས།

前　　言

油菜是青海省十大特色农牧业优势产业之一。“九五”以来，青海油菜产业依靠政府扶持、项目带动，取得了长足发展。新品种、新技术推陈出新，在增加农民收入、促进区域经济发展中发挥了重要作用。

为了进一步推进油菜产业发展，提高油菜标准化生产水平，结合农业生产实际和油菜生产者需求，我们组织科技人员编写了《油菜栽培技术》一书。该书共分为六章，主要介绍了青海油菜产业发展现状、油菜生物学特性、油菜主栽品种、油菜主要栽培技术和青海油菜主要病虫害防治等内容，可供农业科技人员和广大农民群众参阅。由于时间紧，编写水平有限，本书内容难免有不足之处，敬请广大读者批评指正。

编　者

2015 年 6 月

གླེང་གཞི།

པད་ཁ་ནི་མཚོ་སྔོན་ཞིང་ཆེན་གྱི་ཞིང་ཕྱུགས་ལས་ཀྱི་གནས་བབ་ལེགས་པའི་ཁྱད་ལྡན་ཐོན་ལས་ཆེན་པོ་བཅུ་ཡི་གྲས་ཡིན། "ལོ་ལྔའི་འཆར་གཞི་དགུ་བ"ནས་བཟུང་། མཚོ་སྔོན་ཞིང་ཆེན་གྱི་པད་ཁའི་ཐོན་ལས་ནི་སྲིད་གཞུང་གི་རྒྱབ་སྐྱོར་དང་ལས་གཞིའི་སྐུལ་ཁྲིད་ལ་བརྟེན་ནས་འཕེལ་རྒྱས་མགྱོགས་པོ་བྱུང་བ་རེད། ས་བོན་གསར་བ་དང་ལག་རྩལ་གསར་བ་སྤེལ་འབུད་གསར་འདོན་བྱས་པས། ཞིང་པའི་ཡོང་སྒོ་འཕར་སྣོན་དང་ས་ཁོངས་དཔལ་འབྱོར་གོང་སྤེལ་ལ་སྐུལ་འདེད་བྱེད་པའི་ཁྲིད་བྱེད་ནུས་གལ་ཆེན་བཏོན་པ་རེད།

གོམ་གང་མདུན་སྤྱོས་སྙོམས་པད་ཁའི་ཐོན་ལས་འཕེལ་རྒྱས་ལ་སྐུལ་སློང་བྱེད་པ་དང་། པད་ཁའི་ཚད་ལྡན་ཅན་གྱི་ཐོན་ལས་ཆུ་ཚད་མཐོར་འདེགས་གཏོང་ཆེད། ཞིང་ལས་ཐོན་སྐྱེད་ཀྱི་དོན་དངོས་དང་པད་ཁ་ཐོན་སྐྱེད་མཁན་གྱི་དགོས་མཁོ་ལ་བཟུང་འབྲེལ་བྱས་ཏེ། ང་ཚོས་ཚན་རྩལ་མི་སྣ་རྩ་འཛུགས་སྒྲིགས《པད་ཁ་འདེབས་གསོ་ལག་རྩལ》ཞེས་པའི་དཔེ་དེབ་འདི་རྩོམ་འབྲི་བྱས་པ་ཡིན། དེབ་འདི་ལེའུ་དྲུག་ལ་བགོས་ཏེ་གཙོ་བོར་མཚོ་སྔོན་གྱི་པད་ཁའི་ཐོན་ལས་འཕེལ་རྒྱས་ཀྱི་ད་ལྟའི་གནས་ཚུལ་དང་པད་ཁའི་སྐྱེ་དངོས་རིག་པའི་ཁྱད་གཤིས། པད་ཁ་འདེབས་གསོ་བྱེད་པའི་ས་བོན་གཙོ་བོ། པད་ཁ་འདེབས་གསོ་བྱེད་པའི་ལག་རྩལ་གཙོ་བོ། མཚོ་སྔོན་གྱི་པད་ཁའི་ནད་དང་འབུ་ཡི་གནོད་འཚེ་གཙོ་བོའི་འགོག་བཅོས་སོགས་ནང་དོན་ངོ་སྤྲོད་བྱས་ཏེ། ཞིང་ལས་ཚན་རྩལ་མི་སྣ་དང་རྒྱ་ཆེའི་ཞིང་པ་མང་ཚོགས་ལ་གཟིགས་དཔྱད་དུ་ཕུལ་བ་ཡིན། དུས་ཚོད་བྲེལ་ཟིང་

ཆེ་བ་དང་རྩོམ་འབྲིའི་ཆུ་ཚད་ལ་ཚད་བཀག་ལྡན་པའི་ཕྱིར།   དེབ་འདིའི་ནང་…… དོན་ལ་མ་འདང་ས་ཡོད་པ་ནི་ཐོག་ཏུ་མེད་པས་རྒྱ་ཆེའི་ཀློག་མཁན་རྣམས་ནས……སྐྱོན་བརྗོད་དང་མཛུབ་སྟོན་གནང་བར་ཞུ།

སྒྲིག་པ་པོས།

2015ལོའི་ཟླ་6པར།

目　　录

དཀར་ཆག

第一章　概　　述

一、油菜生产的重要意义

油菜栽培历史悠久，其中中国和印度是栽培油菜最古老的国家。油菜起源一般认为有两个地区，亚洲是芸薹和白菜型油菜的起源中心，欧洲地中海地区是甘蓝型油菜的起源中心，芥菜型油菜是多源发生的，而中国是原产地之一。

油菜是我国5个种植面积超亿亩的作物之一。油菜生产适应性广，茬口灵活，具有良好的养地作用，在一年多熟、一年一熟的耕作模式区均占有举足轻重的地位。油菜与其他作物的有效轮作，既可改良土壤，提高土壤肥力，又可减轻其他作物因连作带来的病虫草等农业有害生物的危害，从而提高作物产量。菜籽油是我国传统的食用油，年产450万吨左右，占国产植物油总量的40%以上，年消费量占国内植物油总消费量的1/6，在国内食用油市场中具有十分重要的地位。此外，油菜产业的发展可带动养殖业、养蜂业、食品加工业等相关产业的快速发展，它对于促进地区农业产业结构调整和区域经济的发展壮大具有十分重要意义。

二、油菜的分类

我国在生产利用上习惯将油菜分为三大类：即常规油菜（按常规方法育成的高产油菜）；优质油菜（按常规方法育成的具有优质特性的油菜，主要指油中含低芥酸，饼中硫甙葡萄糖苷含量低的油菜)；杂交油菜（利用两个遗传基础不同的油菜品种或品系，进行有性杂交后产生的第一代杂交种，如三系配套、两系育种、化学杀雄，自交不亲和等得到的第一代杂交种。杂种具有优良品质特性的则称优质杂交油菜)。

以农艺性状为基础，我国油菜分为白菜型、芥菜型和甘蓝型三大类。白菜型油菜俗称小油菜，包括北方型小油菜、南方油白菜、北方油白菜。植株一般较矮小，叶色深绿色至淡绿，上部薹茎叶无柄，叶基部全抱茎。花色淡黄至深黄，花瓣圆形较大，开花时花瓣两侧相互重迭。自然异交率75%～95%，属典型异花授粉作物。角果较肥大，果喙显著，种子大小不一，千粒重3克左右，种皮颜色有褐色、黄色或黄褐色。生育期较短，产量较低，适宜在季节短、低肥水平下栽培，并可作蔬菜和榨油兼用作物。芥菜型油菜俗称大油菜、高油菜、苦油菜等，是芥菜的油用变种，主要为小叶芥油菜和大叶芥油菜两个种。植株高大，株型松散。叶色深绿或紫绿，叶面一般皱缩，被有蜡粉和刺毛，叶缘有锯齿，薹茎叶有柄不抱茎，基部叶有小裂片和花叶。花色淡黄或白黄，花瓣小，开花时四瓣分离。具有自交亲和性，自交结实率高达70%～80%。角果细而短，种子小，千粒重1～2克，辛辣味较重，种皮有黄、红、褐等色。生育期中等，产量不高，但耐瘠、抗旱、抗寒，适于山区种植，而在寒冷地带及土壤瘠薄地区种植，可作调料和香料作物。甘蓝型油菜又称洋油菜、番油菜等。植株中等或高大，枝叶繁茂。叶色蓝绿似甘蓝，多密被蜡粉，薹茎叶无柄半抱茎，基部叶有琴状裂片或花叶。花瓣大、黄色，开花时花瓣两侧重迭，自交结实率一般60%以上。角果较长，种子较大，千粒重3～4克，种皮黑褐色。生育期较长，增产潜力大，抗霜霉病、病毒病能力强，耐寒、耐肥、适应性广。中国是世界上甘蓝型油菜的三大生产区之一（另外两大生产区为欧洲和加拿大)。

第二章　油菜产业发展现状

第一节　油菜生产现状

一、油菜品种选育

青海省是我国春油菜主产区，从20世纪70年代至今已经经历了三次品种更替。20世纪70年代末至80年代初，青海省从国外引进了甘蓝型低芥酸品种奥罗和低芥酸、低硫甙品种托尔，在川水、浅山、半浅半脑地区推广后，表现出良好的丰产性。90年代，青海省农林科学院春油菜研究中心自行选育成功甘蓝型双低春油菜品种“青油14号”、白菜型双低品种“青油15号”“青油17号”。“九五”至“十一五”期间，又相继培育出了“青杂系列”、“互丰010”等甘蓝型双低春油菜杂交种，在青海省及北方春油菜产区取得了显著的经济效益和社会效益。尤其是特早熟双低杂交种青杂3号、4号、7号的选育成功，极大地推进了青海高寒山区优质油菜的快速发展。自90年代以来，伴随种植业结构调整，油菜产业以科技为依托，通过大力推广青杂系列、浩油系列等优良品种以及配套的测土配方施肥技术、早播沟播技术、半精量播种技术、农业有害生物综合防治等技术，大大提高了油菜的种植水平，单产增幅显著，平均亩产由2000年的68.6千克提高到了2014年的130.9千克。青杂5号品种曾创下了450千克的春油菜高产纪录。2014年青海省杂交油菜种植面积达到155万亩，占全省油菜总播种面积的64.5%。目前，油菜已成为青海第一大作物，在优化种植结构，增加农民收入中发挥着十分重要的作用。

二、油菜产品消费

目前，在青海省油菜生产中推广应用的青杂系列、青油系列、浩油系列等油菜新品种具有早熟、丰产、品质优良、抗逆性强等优良特性，深受油菜产区广大农牧民的欢迎。“九五”以来，以青杂系列为主的双低油菜新品种在甘肃、内蒙古、新疆等省区及蒙古国等北方春油菜产区得到了大面积推广应用，除满足青海省内适种地区用种，年外销量约25万千克，这也仅能满足省外油菜需种量的21%左右，需求旺盛。

菜籽油是我国产量最大的植物油，约占国产植物油总产量的40%，占国内食用植物油消费总量的1/6。菜籽油是我国长江流域和西北地区城乡居民的主要食用植物油。青海省春油菜具有良好的商品属性，以出油率高、无污染而享誉全国，油品主要销往西藏、四川、陕西等地区。由于受青海省经济发展相对滞后、油菜加工技术水平相当较低等因素的制约，全省油菜籽很大比例以原料出售，加工产品附加值较低，且副产品的开发利用程度不高。加工的油品多为二级压榨油，精深加工技术水平还远远不能满足人们对食用油质量更高更新的要求。此外，青海人均年食用油消费量约10千克，同我国人均植物油消费量21.7千克相比，还有较大的差距。今后，随着油菜加工企业的进一步发展和扩大，青海省油菜产业在农业生产中将发挥更大的带动作用。

三、油菜产品的市场流通

油菜产品是青海省农业生产中的主导产业之一，商品率在

80%以上，在国内市场具有很高的声誉，其中四川、上海等地需求量大。由于受市场价格的影响，青海省油菜发展不平衡，波动较大。目前，分布在各地的种植业协会和油菜生产协会在全省油菜市场流通领域中发挥了重要的中介和桥梁作用，但由于组织不够规范、信息欠灵通、协会订单的牵制性较低、油菜流通渠道有限，远远不能满足全省油菜产业发展的要求。纵观全国油菜产业的发展现状与趋势，积极探索油菜期货市场流通形式，即可通过市场预测，实现油菜生产的预期效益，在一定程度上规避市场风险，实现农民增收有望成为可能。

第二节　油菜产区分布

我国油菜生产分布比较广泛，目前除北京、天津、辽宁、海南等省市外，其他27个省（区、市）均有种植。根据气候、生态条件的不同，我国油菜生产可划分为四个生产区域，即长江流域冬油菜区、西北油菜区、东北春油菜区和华南冬油菜区。其中长江流域冬油菜区是最集中的产区，该区地处亚热带，气候温和，雨量充沛，土质肥沃，年平均气温10.6～19.9℃，≥10℃的有效积温为3 485～4 000℃，无霜期203～352天，年降水量1 000～1 900毫米，油菜生长期间的9月至翌年5月，气候特征十分有利于油菜春化和安全越冬，秋末早春季节光照充足，非常适宜油菜生长。因此，该地区油菜种植面积和产量分别占全国油菜种植面积和总产量的87%和89%。春油菜最适宜气候区包括青海柴达木盆地以东、海南、海东地区、四川西部、甘肃西南以及内蒙古阴山以东、新疆、黑龙江、吉林东南部，该区域降水量在

300毫米以上，温度适宜、光照充足、昼夜温差较大，有利于油菜生长发育。同时，该地域油菜籽千粒重高，含油量高，是我国春油菜的高产区。

春油菜是青海省六大作物之一，有较长的种植历史，在省内不同生态区均有分布。一种是甘蓝型油菜，其生育期较长，主要分布在无霜期较长的低海拔地区（海拔在2 800米以下），一种是白菜型油菜，主要分布在甘蓝型油菜不能正常成熟的高寒地区（海拔2 800米以上），主要种植在海北州、海南州及东部农业区高寒山区。芥菜型油菜在青海省内只有零星种植。

第三章　油菜生物学特性

一、油菜的生育过程

（一）发芽出苗期

油菜种子无明显休眠期。发芽以土壤水分为田间最大持水量的60%～70%较为适宜，种子需吸收自身重量60%左右的水分。油菜种子吸水膨大后，胚根先突破种皮向上伸长，幼茎直立于地面，两片子叶张开，由淡黄转绿，称为出苗。除水和土壤外，决定因素还有温度，发芽至出苗的天数随温度变化而异。一般日平均气温在3℃左右时即可萌动，20天以后出苗。7～8℃时需10天以上，12℃左右时需7～8天，16～20℃时仅需3～5天。

（二）苗期

油菜出苗至现蕾这段时间称为苗期。冬油菜甘蓝型中熟品种苗期为120天左右，约占全生育期的一半或一半以上，生育期长的品种可达130～140天。一般从出苗至开始花芽分化为苗前期，开始花芽分化至现蕾为苗后期。苗前期主要生长根系、缩茎、叶片等营养器官，为营养生长期。苗后期营养生长仍占绝对优势，主根膨大，并开始进行花芽分化。苗期适宜温度为10～20℃，高温下生长分化快。春油菜苗期短，一般在1个月左右。

（三）蕾薹期

油菜幼苗随着春季温度的逐渐升高，主茎生长锥的花芽分化速度加快，当气温升至10℃左右时，心叶有明显的绿色花蕾即为现蕾。从现蕾至开花为现蕾开花期。这一时期由营养生长转入营养生长和生殖生长两旺阶段，对水肥要求十分迫切，是油菜需水临界期。蕾薹期决定油菜主花序长短、一次分枝和二次分枝数量及孕花朵数量，是搭好丰产架子的关键时期，要求达到春发、稳长、枝多、薹壮。冬油菜一般初春后气温在5℃以上时现蕾，10℃以上时迅速抽薹，花序花蕾分化时间长，一般30天左右。冬油菜蕾薹期一般在2月中旬至3月中旬，是油菜一生中生长最快的时期。此期营养生长和生殖生长并进，但仍以营养生长为主，生殖生长则由弱转强。表现在主茎伸长，增粗，叶片面积迅速增大，在蕾薹后期一次分枝出现，根系继续扩大，活力增加。花蕾发育加快，花芽数迅速增加，至始花期达最大值。春油菜时间较短，一般仅为15天左右，甚至更短。

（四）开花期

油菜始花至终花的这段时间称为开花期，一般20~30天。开花期主茎叶片长齐，叶片数达最多，叶面积达最大。至盛花期根、茎、叶生长则基本停止，生殖生长转入主导地位并逐渐占绝对优势。表现在花序不断伸长，边开花边结角果，因而此期是决定角果数和每果粒数的重要时期。开花期需要12~20℃的温度，最适温度为14~18℃，气温在10℃以下，开花数量显著减少；气温在5℃以下不开花，并易导致花器脱落，产生分段结果现象；若气温高于30℃时虽可开花，却结实不良。花期降水会显著影响开花结实。（图3-1）

图3-1　甘蓝型油菜盛花期

（五）角果发育成熟期

终花至成熟的这段时间为角果发育成熟期，一般30天左右。此期叶片逐渐衰亡，光合器官逐渐被角果取代。角果及种子形成的适宜温度为20℃，低温则成熟慢，日均气温在15℃以下时中晚熟品种不能正常成熟，气温过高则易造成逼熟现象，种子千粒重不高，含油量降低。若昼夜温差大和日照充足时有利于提高油菜产量和含油量；若田间渍水或过于干燥易造成早衰，油菜产量和含油率降低。油菜的成熟过程，按种子成熟度可分为绿熟、黄熟、完熟三个时期。绿熟期表现为主花序基部角果开始有绿色变为黄绿色，种子由灰白色变为绿色；黄熟期表现为主花序角果呈杏黄色，下部角果的种子种皮由黄绿色转为品种固有的色泽，籽粒饱满，中上部分枝的角果为黄绿色。当全株和全田70%～80%角果达到黄色时，即可收获。（图3－2）

图3－2　油菜角果期

春油菜生育期一般为80～100天，主要表现在从出苗至初花的营养生长期短，开花期与角果发育的时间长，但品种间差异较大。出苗至花原始体开始分化只有10天左右，而出苗至现蕾则要经历20天左右，开花至成熟所需时间与冬油菜差不多。春油菜生殖生长期相对较长，昼夜温差大，有利于种子发育。如何使幼苗期营养生长强壮而又促进后期生长旺盛，是春油菜高产稳产的关键问题。

二、油菜的器官形成

（一）根

油菜是直根系，由主根、侧根、根毛组成。直播油菜的根系主根分布较深，一般在耕作层的 30 ~ 50 厘米，深耕或干旱时可达 100 ~ 300 厘米以上。支根发达，密集在表土 20 ~ 30 厘米。生育后期根系水平分布范围在 40 ~ 50 厘米。冬油菜从出苗至越冬期根系垂直生长快于水平方向为扎根期，返青至盛花为扩根期，盛花至成熟期为根系衰老期。扩根期根系生长加快，尤其是抽薹期生长最快，开花期是根重的最高期，单株根重达 5. 10 克。

（二）茎和分枝

1. 主茎：直立茎秆，茎上有 30 个左右节间，茎秆强韧，老茎木质化强。主茎长 100 ~ 200 厘米。茎色有绿、微紫或深紫色，表面被有蜡粉。

在栽培上常将子叶节以下的整个幼茎称为根茎，而在植物学上则把根和幼茎连接处的一小段幼茎称为根茎。随着幼苗的生长，根茎不断增粗，向外产生不定根，使根系扩大。根茎也是油菜冬季贮藏养分的器官。油菜在现蕾时和现蕾后主茎节间伸长（称为抽薹），当主茎高达 10 厘米时进入抽薹期。到主花序停止伸长后，植株高度才最后定型。

甘蓝型油菜可划分成三个茎段。①缩茎段，在主茎基部，节简短而密集，节上着生长柄叶。②伸长茎段，在主茎中部，节间由下而上逐渐增长，棱形渐显著，节上着生短柄叶。③薹茎段，在主茎的上部，节间自下而上逐渐缩短，棱形更为显著。节上着生无柄叶。

2. 分枝：油菜叶腋的腋芽在条件适宜时可长成一次分枝、二次分枝、三次分枝等多次分枝。油菜的分枝性很强，通常在春后形成的上部腋芽能长成有效分枝。

（三）叶的类型

油菜出苗时有二片肾形的子叶，出苗后 3～5 天出现第一片真叶。真叶为不完全叶，有椭圆、卵圆、琴形、花叶和披针形等。在正常秋播条件下主茎的真叶数，甘蓝型晚熟品种为 35～40 片，中熟品种 25～30 片，早熟品种 15～20 片。主茎叶片数与单株分枝数和油菜产量有密切关系。在花芽开始分化前争取多分化主茎叶片数，则分枝数也较多。

甘蓝型油菜主茎上的叶片，根据叶型可划分成三组，即长柄叶着生在缩茎段上，具有明显的叶柄，叶柄基部两侧无叶翅；短柄叶着生在伸长茎段上，叶片较短或无叶柄，具有明显的叶翅；无柄叶着生在薹茎段上，无叶柄，叶片基部两侧向下方延伸成耳状，半抱茎。

长柄叶的数量约占主茎总叶数的 1/2，短柄叶和无柄叶约各占 1/4。长柄叶在感温阶段出生，当出现短柄叶时则已通过感温阶段。

（四）开花与受精

1. 花的结构：油菜为总状花序，每个花序轴上着生许多单花，由苞叶、花萼、花冠、雌蕊、雄蕊组成。花冠淡黄或鲜黄，四片花瓣呈十字形。花萼四片。6 枚雄蕊，四长两短，称四强雄蕊。雌蕊 1 枚，4 个蜜腺位于四长雄蕊的外侧和二短雄蕊内侧。

2. 开花受精：油菜全株以主花序最早开花，然后是一次分枝，二次分枝等。一般由上部的一次分枝向下部的一次分枝依次开始开花，一个花序由下向上依次开花，一朵花则在头一天下午花萼顶端露出黄色花冠，第二天上午 8～10 小时花瓣全部平展。开花后 3 天左右，花瓣即凋萎脱落。中熟甘蓝型品种一般 3 月中、下旬始花，四月上、中旬终花。成熟花粉由昆虫或风力传播，黏附在柱头上进行授粉。花粉落在柱头上，沿花柱逐渐伸向子房，

18～24小时完成受精过程。

由于油菜有一定的异花授粉率，所以不同品种或与其他十字花科作物相邻种植时容易“串花”，导致生物学混杂。

（五）果实与种子

1. 角果的发育：油菜的果实是圆筒形的长角果。果身由两种果瓣组成，一种是二片狭长似船形的壳状果瓣，背面具有明显脉纹；另一种是二片窄而细、似线状的线状果瓣。在线状果瓣内侧为侧膜胎座，着生胚珠。两果瓣间有假隔膜相连。在角果成熟时相连部分产生离层，失水干燥后果瓣收缩，则沿壳状果瓣相连部分产生离层，使角果裂开。

2. 种子的发育与结构：一个角果最终发育形成10～30粒种子。种子呈球型（形）或近球型，长2厘米左右。千粒重为2～4克。种皮色泽有黑、暗褐、红褐、淡褐、淡黄、金黄、黄色等。黄籽平均含油量比黑籽或紫红籽高1.54～4.26%。

油菜籽主要由种皮、胚与胚乳组成。胚包括胚根、胚茎、胚芽和两片肥大的子叶，种子大部分为胚的子叶所充满。子叶薄壁细胞的细胞质内含有丰富的颗粒状油滴和糊粉粒。

三、油菜的温光反应特性

（一）油菜的感温性

油菜一生中必须通过一段较低的温度时间才能现蕾开花结实，否则就停留在营养生长阶段的特性称为感温性。根据不同的油菜品种的感温特性，可分为三种类型。

1. 冬性型：这类品种对低温要求严格，于0～5℃条件下，经30～40天才能进入生殖生长。如冬油菜晚熟、中晚熟品种属此类。

2. 半冬性型：这类品种要求一定的低温条件，但对低温要求不严格，一般在5～15℃条件下，经20～30天开始生殖生长。冬油菜中熟、早中熟品种如多数甘蓝型品种秦油 2 号、中油 821、湘油 11 号、华杂2 号、华杂3 号等，以及长江中下游中熟白菜型品种均属此类。

3. 春性型：这类品种可在较高温度下通过感温阶段。一般在 10～20℃条件下，15～20 天甚至更短的时间就可开始生殖生长。冬油菜极早熟、早熟品种和春油菜品种属此类，包括我国华南地区白菜型及甘蓝型极早熟品种，西南地区白菜型早中熟和早熟品种，以及西北地区春油菜品种等，如甘蓝型春油菜品种秦杂油系列、青杂油系列，白菜型早熟品种门油、浩油系列等。

（二）油菜的感光性

油菜发育中还必须满足其一定长光照的要求才能现蕾开花的特性称为感光性。油菜是长日照作物，不同品种的感光性与其地理起源和原产地生长季节中白昼的长短有关，一般分为两种类型。

1. 强感光型：春油菜在开花前经历的光照强，故一般对光照长度敏感，开花前需经过 14～16 小时平均日照长度。

2. 弱感光型：冬油菜在开花前一般经历的光照较短，故对长光照不敏感，花前需经历的平均日照长度为 11 小时左右。

（三）油菜温光反应特性的应用

1. 引种：如将我国北方冬性强的冬油菜引到南方种植，因不能满足其低温要求而发育慢，成熟迟，甚至不能抽薹开花。反之若将西南地区春性强的冬油菜品种向北方引种，秋播过早则发育快，易早薹早花。一般长江中下游中熟品种可互相引种，而西南、华南春性较强的品种则不适应长江中下游地区，但可以引入华南等省，西南半冬性品种可引入长江中下游地区栽培。

2. 品种的选择与搭配：一般来说，甘蓝型油菜在我国大部分地区种植都能够获得高产稳产，但在春油菜产区，尤其是西部高寒地区仍以种植芥菜型和白菜型油菜较多，特别是生育期短的白菜型早熟品种，可适应春种夏收或夏种秋收。在长江流域三熟制地区则必须选用早中熟或中熟的半冬性品种，两熟地区则可以选用中晚熟、苗期生长慢的冬性品种，以利争取更高的产量。在华南沿海地区，由于冬季气温高，只有春性型生育期短的品种才能正常发育，而且该地区春季雨水较多，不利于油菜结果、成熟及收获，故适宜栽培白菜型和极早熟的甘蓝型品种。

3. 栽培管理：春性强的品种在秋季应适当迟播，若过早播种会发生早薹早花，易遭冻害；而冬性强的品种应适时早播，以利用冬前时间促进其营养生长，壮苗越冬，以利于高产。春性品种发育快，田间管理应提早进行，否则营养不足，产量不高。

四、油菜的产量形成

（一）油菜产量的构成因素

油菜的产量由单位面积角果数、每果粒数和粒重三个因素所构成。在构成产量的三个因素中，以单位面积的角果数变异最大，不同栽培条件下可相差 1 ~ 5 倍，特别是种植密度，因此角果数是大面积生产中调节潜力最大的产量因素，并且与产量形成一定的比例关系，基本上为 1 万个角果可以获得 0.5 千克油菜籽。每果粒数和粒重变异幅度则相对较小，不同栽培条件下，相差最多不超过 1 倍，若为同一品种则变量更小，一般每果粒数变化范围在 10% 以内，千粒重在 5% 以内。不过当产量上升到一定程度，单位面积角果数已达到较高水平时，每果粒数与粒重对产量的影响则不可忽视。

（二）产量构成因素的形成

油菜各产量构成因素是在生育过程中按照一定的顺序形成的。当植株通过一定的感温阶段和必要的营养生长量，主茎顶端开始分化花芽，这是角果数形成的开始。当主花序第一个花芽分化进入胞原细胞形成期时，雌蕊内出现胚珠突起，这是粒数形成的开始。始花以后，当第一朵花的胚珠受精，经 4 ~5 天静止期，开始长大增重，这是粒重形成的开始。油菜产量的形成过程可概括为三个时期：①花芽开始分化至开花前为角果数、粒数奠定期；②始花和终花后 15 天左右为角果数、粒数定型期；③始花后约 25 天至成熟为粒重的决定期。

尽管油菜产量构成的三个因素是在花芽分化以后开始形成的，但是苗前期的生长量却是重要的基础。只有苗前期有足够的生长量，才能分化较多的叶原基，为分枝结角做好准备，并提高幼苗的抗寒能力。因此，苗前期要有足够的积温，以利多出叶，但也要避免过早的通过春化分化花芽。

第四章　油菜主栽品种

种子是农业生产的内在因素，一切增产技术措施和高产指标的提出和实现，都要基于良种本身所具有的生产潜力。推广应用油菜良种是提高油菜产量、改善油品品质的一条最经济、最有效的途径，是促进油菜生产发展的重要条件。“九五”至“十一五”期间，青海省农业科研部门相继培育出了“青杂系列”甘蓝型双低春油菜杂交种，在青海省及北方春油菜产区发挥了显著的增产增收作用。

一、青杂2号

（一）品种来源

青海省农林科学院春油菜研究所以波利马细胞质雄性不育系105A为母本，恢复系303R为父本杂交组配而成，区试代号303，2000年通过青海省农作物品种审定委员会审定，定名为青杂2号，品种合格证号为青种合字第0151号。2003年通过国家农作物品种审定委员会审定，审定编号为国审油2003020。

（二）特征特性

青杂2号属春性甘蓝型细胞质雄性不育三系杂交油菜品种，海拔2 600米左右区域全生育期约140天，与对照青杂1号相当。该品种子叶呈心脏形，幼茎微紫色，心叶绿色，无刺毛；抽薹前生长习性半直立，缩茎叶为浅裂、色绿、叶脉白色，长柄叶叶缘锯齿、蜡粉少，薹茎叶披针形、无叶柄、叶基半抱茎；株高158

厘米，分枝部位50厘米，一次有效分枝8个，二次分枝8个。花黄色，花冠椭圆形，花瓣形状侧叠、平展；角果长7.5厘米，果喙长1.3厘米，籽粒黑褐色。单株有效角果数200个，每角粒数20粒，千粒重3.8克。含油量45.2%，芥酸含量0.65%，硫甙含量27.8微摩尔/克，抗旱性中等，耐寒性较强，抗倒伏中等。

（三）产量表现

1998年参加春油菜组油菜品种区域试验，平均亩产219.9千克，比青杂1号增产3.90%；1999年续试，平均亩产210.7千克，比青杂1号增产13.20%；两年区试平均亩产215.3千克，比对照青杂1号增产7.30%。2000年参加春油菜组生产试验，平均亩产170.4千克，比对照青杂1号增产6.53%；2001年续试，平均亩产167.8千克，比对照增产7.88%，两年生试平均亩产169.2千克，比对照增产7.20%。

（四）栽培技术要点

本品种要求土壤疏松，肥力中上，在浅山旱地适时多用磷肥，在水地氮肥用量比一般品种稍大些，氮氧∶磷=1∶0.93；水地适宜播期为3月下旬至4月中旬，旱地为4月中旬至4月下旬，条播，播种量0.35～0.40千克/亩，播种深度3～4厘米，株距29厘米，每亩保苗1.30～3.00万株/亩，成株数1.00万～2.00万株/亩；田管要求出苗期注意防治跳甲和茎象甲，及时间苗，4～5叶期至花期要及时浇水、追肥，种肥每亩施纯氮4.6千克，五氧化二磷每亩2.65千克，追肥每亩施纯氮4.6千克，角果期注意防治蚜虫。

（五）适宜种植地区

适宜在甘肃、内蒙古、新疆、青海等省区无霜期较长的地区推广种植。（图4－1、图4－2）

图 4－1　青杂 2 号种子

图 4－2　青杂 2 号大田生产绿熟期长势

二、青杂 3 号

（一）品种来源

青海省农林科学院春油菜研究所以波利马细胞质雄性不育系 144A 为母本，恢复系 482－1 为父本杂交组配而成，区试代号 E144，2001 年通过青海省农作物品种审定委员会审定，定名为青杂 3 号，品种合格证号为青种合字第 0163 号，2003 年通过国家农作物品种审定委员会审定，审定编号为国审油 2003019。

（二）特征特性

青杂 3 号属甘蓝型细胞质雄性不育三系春性特早熟杂交油菜品种，海拔 2800 米左右区域全生育期约 125 天，比对照青油 241 迟熟 8～10 天。株高 146.0～151.0 厘米，有效分枝部位 21～25 厘米，一次有效分枝数 5～6 个，二次分枝数 6～8 个，主花序长 65～71 厘米，角果长 7～8 厘米，单株有效角果数166～203个，单株产量 8～10 克，每角粒数 27 粒，千粒重 3.6 克，籽粒中含油量 41.45%，油中芥酸含量 0.75%，硫甙含量 20.76 微摩尔/克。子叶呈心脏形、幼茎绿色、心叶绿色、无刺毛。抽薹前生长习性半直立。缩茎叶为浅裂、色绿、叶脉白色，长柄叶，叶缘锯齿，蜡粉少。薹茎叶披针形，无叶柄，叶基半抱茎，薹茎绿色。单株主茎上绿叶数 12～13 片。最大叶长 30～31 厘米，宽 8～9 厘米。植株呈帚型，匀生分枝。属春性特早熟甘蓝型。

（三）产量表现

2000～2001 年度参加春油菜早熟组油菜品种区域试验，平均亩产 154.7 千克，比对照青油 241 增产 48.09%；2001～2002 年度续试，平均亩产 157.3 千克，比对照平均增产 31.59%；两年区试平均亩产 156.0 千克，比对照增产 39.29%。2002～2003 年度参加春油菜早熟组生产试验，平均亩产 160.5 千克，比对照青油 241 增产 45.17%。

（四）栽培技术要点

1. 适时早播：在北方春油菜白菜型油菜产区一般播期为 4 月中旬至 4 月下旬，条播，播种量 0.4～0.5 千克/亩，播种深度3～4 厘米，株距 15～20 厘米。

2. 合理密植：每亩保苗 3.00 万～4.00 万株，成株数 2.80 万～3.80 万株/亩。

3. 田间管理：要求土壤疏松，肥力中上，重施底肥，早施追肥，施叶面肥，适时多用磷肥，氮肥用量比一般品种大。氮∶磷 = 1∶0.93。一般亩施有机肥 2.5～3.0 立方米，尿素 10～12 千克，磷酸二铵 10～12 千克。抓好“三早”早松土锄草、早间苗、早定苗，4～5 叶期至花期要及时浇水、追肥，底肥每公顷施纯氮 4.60 千克/亩，五氧化二磷 2.67 千克/亩；追肥 4.60 千克/亩。出苗期注意防治跳甲和茎象甲，角果期要注意防治蚜虫，适时收获。

（五）适宜种植地区

适宜在青海、新疆、甘肃、内蒙古、黑龙江等省区春油菜地区部分白菜型油菜产区种植。（图 4－3、图 4－4）

图4－3　青杂3号高产示范

图4－4　青杂3号在脑山地区大面积种植

三、青杂4号

（一）品种来源

青海省农林科学院春油菜研究所以波利马细胞质雄性不育系025A为母本，恢复系238为父本杂交组配而成，区试代号025，2005年通过青海省农作物品种审定委员会审定，定名为青杂4号，品种合格证号为青种合字第0207号。

（二）特征特性

青杂4号属甘蓝型细胞质雄性不育三系春性特早熟杂交油菜品种，在海拔2 900米左右区域全生育期120天左右。株高142.0～148.0厘米，有效分枝部位20～25厘米，一次有效分枝数4～6个，二次分枝数5～7个，主花序长60～70厘米，角果长5.5～8厘米，单株有效角果数146～166个，单株产量7～9克，每角粒数22～27粒，千粒重3.2～3.6克。子叶呈心脏形、幼茎绿色、心叶绿色、无刺毛。抽薹前生长习性半直立。缩茎叶为浅裂、色绿、叶脉白色，长柄叶，叶缘锯齿，蜡粉少。薹茎叶披针形，无叶柄，叶基半抱茎，薹茎绿色。单株主茎上绿叶数12～13片。最大叶长30～31厘米，宽8～9厘米。植株呈帚型，匀生分枝。籽粒中含油量45.15%，油中芥酸含量0.75%，硫甙含量30.60微摩尔/克。

（三）产量表现

2004～2005年度参加青海省油菜早熟组油菜品种区域试验和

生产试验，区域试验平均亩产178.5千克，比对照浩油11号增产28.59%；生产试验平均亩产166.12千克，比对照平均增产32.62%。

（四）栽培技术要点

1. 适时早播：在青海省白菜型油菜产区一般播期为4月下旬至5月上旬，条播，播种量0.75～1.0千克/亩，播种深度3～4厘米，行距15～20厘米，株距5～8厘米。

2. 合理密植：每亩保苗5.00万～6.00万株，成株数4.80万～5.80万株/亩。

3. 田间管理：要求土壤疏松，肥力中上，重施底肥，早施追肥，施叶面肥，适时多用磷肥，氮肥用量比一般品种大。一般亩施底肥有机肥2.5～3.0立方米，尿素8～10千克，磷酸二铵12～15千克。抓好“三早”早松土锄草、早间苗、早定苗，4～5叶期至花期要及时浇水、追肥，追肥亩施尿素5千克。出苗期注意防治跳甲和茎象甲，角果期要注意防治蚜虫、小菜蛾、油菜荚螟等，80%角果变黄时收获。

（五）适宜种植地区

适宜在青海省东部农业区海拔2 800～3 000米的高位山旱地种植。青杂4号是青海省目前生产上应用的最早熟的甘蓝型油菜杂交种，可替代海拔3 000米以下的部分白菜型油菜，近年种子供不应求。

四、青杂5号

（一）品种来源

青海省农林科学院春油菜研究所以波利马细胞质雄性不育系105A为母本，恢复系1831R为父本杂交组配而成，区试代号305，2006年通过国家农作物品种审定委员会审定，定名为青杂5号，审定编号为国审油2006001。

（二）特征特性

青杂5种为甘蓝型春性细胞质雄性不育三系杂交种。海拔2 600米左右区域全生育期142天左右。幼苗半直立，叶色深绿，有裂叶2~3对，叶缘波状，腊粉少，无刺毛。花瓣黄色，花冠椭圆形，花瓣侧叠。株高171厘米左右，分枝部位62厘米左右，匀生分枝。平均单株有效角果数221.2个，每角粒数25.7粒，千粒重3.9克。区域试验中田间调查病害结果：菌核病平均发病率15.05%，病指6.47%，抗性优于青杂1号和青油14号。全国区试统一抽样，经农业部油料及制品质量监督检验测试中心检测：两年平均芥酸含量0.25%，硫甙含量18.56微摩尔/克，含油量45.23%。

（三）产量表现

2003年参加春油菜品种区域试验，平均亩产252.75千克，比对照青杂1号增产4.92%，比对照青油14号增产18.46%；2004年续试，平均亩产252.45千克，比对照青杂1号增产12.25%，比对照青油14号增产23.48%；两年区试平均亩产252.6千克，比对照青杂1号增产8.46%，比对照青油14号增产20.91%。2005年生产试验，平均亩产218.77千克，比对照青油14号增产22.17%。青杂5号是目前整个春油菜区年种植面积最大的品种，年种植面积约250万亩，连续5年（2008~2012年）被农业部定为全国油菜主导品种，2011年创造了我国油菜单产最高纪录（450.45千克/亩）；累计推广1 500多万亩，2013年获得青海省科技进步奖二等奖。

（四）栽培技术要点

1. 适时早播：适宜播期为3月下旬至4月下旬，条播，每亩播种量0.35~0.50千克。

2. 合理密植：播种深度3~4厘米，株距25~30厘米，每亩保苗1.5万~2.5万苗。

3. 田间管理：每亩施底肥磷酸二胺20千克，尿素4~5千克。及时间苗、定苗。苗期（4~5叶期）追施尿素每亩6~8千克。

4. 防虫治虫：苗期注意防治跳甲和茎象甲，角果期注意防治蚜虫。

（四）适宜种植地区

适宜在内蒙古、新疆、甘肃、青海等省区低海拔地区春油菜主产区种植。（图4－5、图4－6）

图4－5　青杂5号大面积示范

图4－6　青杂5号创造全国油菜高产纪录（450.45千克/亩）

五、青杂6号

（一）品种来源

青海省农林科学院春油菜研究所以波利马细胞质雄性不育系105A为母本，恢复系1842R为父本杂交组配而成，区试代号402，2008年通过国家农作物品种审定委员会审定，定名为青杂6号，审定编号为国审油2008021。

（二）特征特性

青杂6号为甘蓝型春性波里马细胞质雄性不育三系杂交种，青海省海拔2 600米左右区域全生育期约140天，与对照青杂2

号相当。幼苗半直立，叶色深绿，有裂叶 2～3 对，叶缘波状，蜡粉少，无刺毛。花瓣黄色，花冠椭圆形，花瓣侧叠。匀生分枝类型，秆硬抗倒伏，平均株高 180.9 厘米，分枝部位 73.65 厘米，有效分枝数 8.25 个。平均单株有效角果数 209.38 个，每角粒数 25.56 个，千粒重 3.80 克。区域试验田间调查，菌核病发病株率 4.28%，病指 1.53%，抗（耐）菌核病性较强。经农业部油料及制品质量监督检验测试中心检测，平均芥酸含量 0.1%，饼粕硫甙含量 20.6 微摩尔/克，含油量 47.39%。

（三）产量表现

2005 年全国春油菜区试，平均亩产为 250.74 千克，比对照青油 14 号增产 15.51%。2006 年区试，平均亩产为 233.82 千克，比对照青杂 2 号增产 10.93%。2006 年生产试验，平均亩产为 219.97 千克，比对照青杂 2 号增产 7.73%。

（四）栽培技术要点

1. 适时早播：适宜播期为 3 月下旬至 4 月下旬，条播，播种量为 0.35～0.50 千克/亩。

2. 合理密植：播种深度 3～4 厘米，株距 25～30 厘米，每亩保苗 1.50 万～2.50 万株/亩。

3. 田间管理：每亩施底肥磷酸二胺 20 千克，尿素 4～5 千克。及时间苗、定苗，浇水。苗期（4～5 叶期）追施尿素每亩 6～8 千克。

4. 防虫治虫：苗期注意防治跳甲和茎象甲，角果期注意防治蚜虫。

（五）适宜种植地区

适宜在青海、甘肃省低海拔地区、内蒙古自治区和新疆维吾尔自治区的春油菜主产区推广种植。（图 4－7）

图4-7　青杂6号田间长势

六、青杂7号

（一）品种来源

青海省农林科学院春油菜研究所以波利马细胞质雄性不育系144A为母本，恢复系1244R为父本杂交组配而成，区试代号249。2009年通过青海省农作物品种审定委员会审定，定名为青杂7号，审定编号为青审油2009001，2011年通过国家农作物品种审定委员会审定，定名为青杂7号，审定编号为国审油2011030。

（二）特征特性

甘蓝型春性细胞质雄性不育三系杂交种，青海省海拔2 800米左右区域全生育期约128天。幼苗半直立，缩茎叶为浅裂、绿色，叶脉白色，叶柄长，叶缘锯齿状，腊粉少，薹茎叶绿色、披针形、半抱茎，叶片无刺毛。花黄色。种子深褐色。株高136.5厘米，一次有效分枝数4.1个，单株有效角果数为139.1个，每角粒数为28.3粒，千粒重为3.81克。菌核病发病率13.07%，病指为3.13%，经农业部油料及制品质量监督检验测试中心检测，平均芥酸含量0.4%，饼粕硫苷含量19.25微摩尔/克，含油量48.18%。

（三）产量表现

2009 年参加春油菜高海拔、高纬度地区早熟组区域试验，平均亩产 186.9 千克，比对照青杂 3 号增产 9.0%；2010 年续试，平均亩产 220.3 千克，比对照增产 9.4%。两年平均亩产 203.6 千克，比对照增产 9.2%，其中 2010 年生产试验，平均亩产 217.5 千克，比对照增产 8.9%。青杂 7 号是目前整个春油菜区主推的早熟甘蓝型油菜品种，连续 2 年（2013 ~2014 年）被农业部定为全国油菜主导品种，年种植面积约 60 万亩。

（四）栽培技术要点

1. 4 月初至 5 月上旬播种，条播为宜，播种深度 3 ~4 厘米，每亩播种量 0.4 ~0.5 千克，每亩保苗 30 000 ~35 000 株。

2. 底肥每亩施磷酸二胺 20 千克，尿素 3 ~5 千克，4 ~5 叶苗期每亩追施尿素 3 ~5 千克。

3. 及时间苗、定苗和浇水。

4. 苗期注意防治跳甲和茎象甲，花角期注意防治小菜蛾、蚜虫、角野螟等害虫和菌核病危害。

（五）适宜种植地区

适宜在青海、甘肃、内蒙古、新疆等省区的高海拔、高纬度春油菜主产区种植。（图 4 －8、图 4 －9）

图 4 －8　青杂 7 号在脑山地区大面积种植

图 4 －9　青杂 7 号区域试验长势

七、青杂8号

（一）品种来源

青海省农林科学院春油菜研究所用双低特早熟甘蓝型材料和波利马细胞质雄性不育系测交，选育出不育系和恢复系，组合为380A×187R。2011年12月通过青海省农作物品种审定委员会审定，品种审定编号：青审油2011001。

（二）特征特性

青海省海拔2 900米左右区域全生育期约118天。子叶心脏形，幼茎微紫，心叶绿色、无刺毛。抽薹前半直立生长。缩茎叶浅裂、绿色，叶脉白色，叶柄长，叶缘波状，腊粉少。薹茎叶绿色、披针形、半抱茎。单株主茎上绿叶数11.00片，最大叶长25.40厘米，宽6.60厘米。植株帚型匀生分枝，株高145.36厘米，有效分枝部位27.62厘米，一次有效分枝数3.13个，二次分枝数1.75个。花黄色，花瓣椭圆形、侧叠、平展。成熟角果黄绿色、斜生，角果长6.73厘米，每角果籽粒数23.54粒，籽粒节较明显，单株有效角果数165.52个，主花序长56.18厘米，主花序有效角果数55.50个。种子黑褐色、圆球形，种皮光滑。单株产量6.62克，千粒重3.61克；容重710.00克/升；经济系数0.28～0.30。籽粒含油量44.00%～48.00%，油品芥酸0.18%～0.20%，饼粕中硫代葡萄糖甙36.00～38.00微摩尔/克。耐寒性较强，抗旱性中等，抗倒伏性较强；轻感菌核病。

（三）产量表现

一般肥力条件下产量150.00～200.00千克/亩；较高肥力条件下产量220.00～240.00千克/亩。适宜在青海省海拔2900米以上且年均温在0.5℃以上的中、高位山旱地和高位水地种植。

（四）栽培技术要点

要求土壤疏松，肥力中上。播期为4月下旬至5月初，机械条播，播种量0.60～0.75千克/亩，播种深度3.00～4.00厘米，行距12.00～15.00厘米，株距10.00～12.00厘米，保苗5.00万～6.00万株/亩。施底肥纯氮4.60千克/亩，纯磷2.67千克/亩，施追肥纯氮4.60千克/亩。出苗期注意防治跳甲和茎象甲，4～5叶期及时间苗并追肥，角果期注意防治角野螟危害，及时收获。

（五）适宜种植区域

适宜在青海、甘肃、内蒙古、新疆等省区的高海拔、高纬度春油菜主产区种植。

八、青杂9号

（一）品种来源

青海省农林科学院春油菜研究所，甘蓝型春性波里马细胞质雄性不育三系杂交品种。审定编号：国审油2013023。

（二）特征特性

全生育期131天，比对照青杂5号早熟3天。幼苗半直立，叶深绿色，裂叶2～3对，叶缘波状，蜡粉少，无刺毛；花瓣黄色、侧叠。株高167.0厘米，匀生分枝类型，一次有效分枝数4.65个，单株有效角果数214.5个，每角粒数26.7个，千粒重3.75克。菌核病发病率19.07%，病指10.30，低感菌核病；抗倒性中等。籽粒含油量46.98%，芥酸含量0.00%，饼粕硫苷含量22.97微摩尔/克。

（三）产量表现

2011年参加春油菜晚熟组品种区域试验，平均亩产油量130.1千克，比对照青杂5号增产9.4%；2012年续试，平均亩产油量120.4千克，比对照增产12.1%；两年平均亩产油量125.3千克，比对照增产10.7%。2012年生产试验，平均亩产油量87.98千克，比青杂5号增产14.2%。

（四）栽培技术要点

1. 适时早播，青海、甘肃省3月下旬至4月中旬播种，内蒙古、新疆等自治区4月中旬至5月中旬播种，条播，播种深度3～4厘米，亩播种量0.35～0.5千克。

2. 亩种植密度，青海、甘肃省15 000～25 000株，内蒙古、新疆等自治区35 000～50 000株。

3. 亩施磷酸二胺20千克，尿素10～13千克。

4. 注意防治跳甲、茎象甲、小菜蛾、角野螟等病虫害。

（五）适宜种植区域

适宜甘肃、青海省低海拔区及内蒙古、新疆等自治区春油菜区种植。

九、青杂10号

（一）品种来源

青海省农林科学院春油菜研究所，甘蓝型油菜细胞质雄性不育三系杂交种。审定编号：国审油2012014。

（二）特征特性

全生育期185.4天。幼苗半直立，缩茎叶为浅裂、绿色，叶脉白色，叶柄长，叶缘锯齿状，蜡粉少。薹茎叶绿色、披针形、半抱茎，叶片无刺毛，花黄色，籽粒黑褐色。株高168.8厘米，一次有效分枝数5.62个，单株有效角果数212.0个，每角粒数20.08粒，千粒重3.43克。菌核病发病率4.81%，病指3.45；病毒病发病率和病指均为0，中感菌核病，抗倒性强。芥酸含量0.15%，饼粕硫苷含量20.55微摩尔/克，含油量41.51%。

（三）产量表现

2010～2011年参加国家冬油菜早熟组区域试验，平均亩产118.8千克；2011～2012年续试，平均亩产168.1千克，两年平均亩产143.4千克。2011～2012年生产试验，平均亩产115.3千克。

（四）栽培技术要点

1. 直播10月下旬至11月上旬播种，亩播种量0.25～0.30千克，亩密度15 000～25 000株。

2. 注重氮、磷、钾肥平衡施用，施足底肥，早施追肥，培育壮苗，亩用硼砂1.0～1.5千克作基肥。

3. 早匀苗、早定苗，及时进行中耕除草。

4. 注意防治霜霉病、菜青虫、蚜虫、菌核病等病虫害。

（五）适宜种植区域

适宜在江西南部、湖南南部、广西北部、福建北部、贵州西部、云南东部作早熟品种种植。

十、青杂11号

（一）品种来源

青海省农林科学院春油菜研究所，甘蓝型春性波里马细胞质雄性不育三系杂交种。审定编号：国审油2012015。

（二）特征特性

全生育期为95～140天，与对照青杂2号相当。幼苗半直立，叶深绿色，裂叶2～3对，叶缘波状，蜡粉少，无刺毛。花瓣黄色，花冠椭圆形，花瓣侧叠。平均株高178.5厘米，匀生分枝类型，一次有效分枝数5.19个，单株有效角果数206.4个，每角粒数26.7个，千粒重3.82克。菌核病田间发病率15.98%，病指8.70，低感菌核病，抗倒伏。芥酸含量0.05%，饼粕硫苷含量19.51微摩尔/克，含油量48.97%。

（三）产量表现

2008年参加国家春油菜晚熟组区域试验，平均亩产油量140.5千克，比对照青杂2号增产10.8%；2009年续试，平均亩产油量125.6千克，比青杂2号增产9.0%。两年平均亩产油量

133.1 千克，比对照增产 9.9%。2009 年生产试验，平均亩产油量 102.3 千克，比青杂 2 号增产 10.1%。

（四）栽培技术要点

1. 适时早播，青海、甘肃省 3 月下旬至 4 月中旬播种，内蒙古、新疆等自治区 4 月中旬至 5 月中旬播种，条播，播种深度 3～4厘米，亩播种量 0.35～0.5 千克。

2. 亩种植密度，青海、甘肃省 15 000～25 000 株，内蒙古、新疆等自治区 35 000～50 000 株。

3. 亩施磷酸二胺 20 千克，尿素 10～13 千克。

4. 及时防治跳甲、茎象甲、小菜蛾、角野螟等病虫害。

（五）适宜种植区域

适宜青海、甘肃省低海拔区及内蒙古、新疆等自治区春油菜区种植。

十一、青油 19 号

（一）品种来源

青海省农林科学院春油菜研究所，白菜型春性波里马细胞质雄性不育三系杂交种。审定编号：青审油 2012001。

（二）特征特性

海拔 3 000 米左右全生育期约 112 天，与对照浩油 11 号相当。子叶心脏形，幼茎微紫，心叶淡紫色、密刺毛。抽薹前半直立生长。缩茎叶浅裂、绿色，叶脉白色，叶柄长，叶缘锯齿状，腊粉少。薹茎叶绿色、披针形、半抱茎。单株主茎上绿叶数 8.00 ± 1.56 片。最大叶长 22.40 ± 0.45 厘米，宽 5.60 ± 0.60 厘米。植株帚型匀生分枝，株高 138.36 厘米 ± 3.50 厘米，有效分枝部位 22.62 ± 3.42 厘米，一次有效分枝数 3.13 ± 0.87 个，二次分枝数 1.75 ± 0.99 个。花黄色，花瓣椭圆形、侧叠、平展。成熟角果黄绿色、斜生，角果长 6.73 ± 0.98 厘米，每角果籽粒数

23.54±1.48粒，籽粒节较明显，单株有效角果数165.52±10.21个，主花序长56.18 ±4.76厘米，主花序有效角果数55.50±5.40个，主花序角果密度0.82±0.09个/厘米。种子黑褐色、圆球形，种皮光滑。单株产量6.62±1.24克，千粒重3.61±0.15克；容重710.00±0.1克/升；经济系数0.26~0.2.8。籽粒含油量43.00%~46.00%，油品芥酸0.6%~0.8%，饼粕中硫代葡萄糖甙33.00~35.00微摩尔/克。

（三）产量表现

2009~2010年连续两年参加青海省油菜特早熟组区域试验，在参试各点都能正常成熟，14个点次中有10个点次增产，4个点减产，平均亩产160.82千克，对照浩油11号平均亩产133.50千克，比对照增产18.94%，其中2009年比对照增产26.12%，2010年比对照增产11.66%。2011~2012年连续两年参加青海省油菜特早熟组生产试验，参试9个点次中有6点次增产，3点次减产，平均亩产138.84千克，比对照浩油11号（平均亩产130.91千克）增产6.06%。

（四）栽培技术要点

要求土壤疏松，肥力中上。播期为5月初至5月中旬机械条播，播种量为0.0195~0.0225吨/公顷（1.30~1.5千克/亩），播种深度3.00~4.00厘米，行距12.00~15.00厘米，株距10.00~12.00厘米，每公顷保苗75.00万~90.00万株（5.00万~6.00万株/亩）。每公顷施底肥纯氮0.069吨（4.60千克/亩），纯磷0.040吨（2.67千克/亩），每公顷施追肥纯氮0.069吨（4.60千克/亩）。出苗期注意防治跳甲和茎象甲，4~5叶期及时间苗并追肥，角果期注意防治角野螟危害，及时收获。

（五）适宜种植区域

青海省海北、海南州及东部农业区高寒山区种植。

第五章　油菜主要栽培技术

第一节　甘蓝型油菜栽培技术

一、播前准备

（一）精细整地，合理轮作

由于油菜种子小，顶土能力弱，整地的好坏直接影响着油菜出苗和根系发育。一般采取冬灌、春灌和打土保墒的方法，使土壤平整疏松。油菜不宜连作，应实行合理的轮作倒茬，较为理想的轮作作物为小麦、青稞、马铃薯。

（二）选用良种，药剂拌种

青海省甘蓝型油菜主产区以优质杂交油菜品种为主栽品种。一般川水、沟岔、浅山地区适宜种植青杂2号、青杂5号；海拔2 800～3 000米的脑山地区（高位山旱地）适宜种植特早熟杂交油菜青杂3号、青杂4号、青杂7号等。播前3～10天采用70%锐胜可分散性种子处理剂，按油菜种子量的5‰剂量进行拌种，与种肥混匀后条播（图5－1）。

（三）合理施肥

油菜生产上要求重施底肥，早施追肥，巧施叶面喷肥。一般

亩施有机肥 2.5～3 立方米，尿素 10～12 千克，磷酸二铵 15～20

图 5－1　油菜播前药剂拌种

千克，杂交油菜总施肥量略高于常规品种。播前可用硼肥 0.1～0.2 千克/亩拌种。追肥是培育壮苗的关键，一般水浇地在油菜 4～5片真叶时，结合浇头水追施尿素 3～4 千克，并做好松土蹲苗；旱地结合中耕除草可追施尿素 4～5 千克。在油菜蕾薹期每亩用尿素 3～4 千克加磷酸二氢钾 100 克，兑水 30 千克进行叶面喷施 2～3 次促生长。油菜始花至成熟阶段如果营养缺乏，往往引起落花落果，表现早衰，这时对长势较差的地块花前期应补施尿素或亩用尿素 0.5 千克加 100 克磷酸二氢钾兑水 30～50 千克叶面喷洒，可增加角果数，提高粒重。

二、适时播种

（一）播种时间和方法

甘蓝型春油菜播种提倡一个“早”字，一般日平均气温稳定在 2～3℃ 以上时即可播种。青海省河湟灌区在 3 月中下旬、山旱地在 4 月上中旬播种为宜。甘蓝型油菜采用分层施肥条播或旱作沟播技术。

（二）合理密植

甘蓝型油菜种植密度依品种特性和水肥条件而定。青杂 2

号、青杂5号等品种水浇地亩保苗1.2万～1.5万株，山旱地1.5万～2万株，亩下籽量可控制在0.4千克；特早熟品种青杂3号、青杂4号、青杂7号等亩保苗3万～5万株，亩下籽量为0.45～0.6千克。

三、田间管理

（一）间苗、定苗

油菜间、定苗是合理密植、改善幼苗营养条件的主要手段。甘蓝型油菜一般要求在幼苗2～3片真叶时进行间苗，4～5片真叶时定苗。杂交油菜与常规油菜相比，前期生长较快，苗壮苗旺，更应该注意“三早”管理，即苗期一次性早间苗定苗、早追施氮肥和早浇水。

（二）合理灌水

油菜生育期内应浇好苗水、蕾薹水、角果水。油菜4～5片真叶时，结合间苗、追肥浇苗水。油菜薹花期正值气温较高期，生长旺盛，该期为需水最多和最迫切的“临界期”，应及时浇水。现蕾后营养生长和生殖生长均较旺盛，是分枝、开花、角果发育的主要阶段，及时浇水有利于提高结果率，增加角粒数。

（三）中耕除草

甘蓝型油菜中耕除草应结合追肥和间定苗同时进行。

（四）加强病虫害防治

对甘蓝型油菜造成重大危害的主要病虫害有黄条跳甲、油菜茎象甲、油菜露尾甲、油菜角野螟和油菜菌核病等，要重点加强防治，并在生长期做好多种病虫害的预测预报及防治工作，科学制定防控方案。（图5－2）

四、适时收获

油菜全田80%角果呈黄色时收获为宜。油菜机播机收，在很大程度上解放了劳动力，提高了生产效率。油菜分段收获和全程机械化收获技术曾在青海省东部农业区的互助、湟中县和海南州贵德县等地区经过多点生产示范验证，已取得成功。（图 5－3、图 5－4、图 5－5）

图 5－2　油菜田病虫害药剂统防统治

图 5－3　油菜机械化收获

图 5－4　油菜机械化收获

图 5－5　机收油菜捡拾脱粒

第二节　白菜型油菜栽培技术

一、播前准备

（一）秋季深翻，精细整地

白菜型油菜产区一般要求在前茬作物收获后，为了熟化土壤，接纳雨水，应及时深翻15厘米，深翻后晒垡20天左右并进行耱地收墒。播前浅耕耱地，做到土壤疏松平整。

（二）土壤处理

在播前7～15天，每亩用48%氟乐灵0.15～0.2千克与20千克细土拌匀撒施或兑水25千克喷雾防除杂草。

（三）选用良种

应选用产量高、早熟、抗病性强的青油241、浩油11号、青油19号、青油21号等优良品种。

（四）合理施肥

根据白菜型油菜生育期短，需肥较多的特点，必须施足底肥，以满足植株生长。一般亩施有机肥2～3立方米，尿素5～8千克，磷酸二铵10～12千克。

二、适时播种

（一）播种时间和方法

白菜型油菜适宜在立夏前，即4月下旬至5月上旬播种，一般要求采用机械条播。为了争取生长积温，可采取顶凌播种措施。

（二）合理密植

白菜型油菜密度的大小，直接影响到产量的高低。密度适宜时，根系发育良好，枝叶繁茂，产量高；密度过大时，根系、分枝生长受限制，植株营养面积小，产量低。一般亩播量1.5～2.5千克，亩保苗5万～6万株。

三、田间管理

（一）除草

白菜型油菜主产区一般平均海拔在2 800～3 200米，杂草危害率在18%左右，严重地块达50%，损失率在20%左右。主要杂草为野燕麦、薄蒴草、微孔草等。除草实行“预防为主，综合防治”的方针，采取人工除草、农业防除、药剂防除相结合的办法。草害严重的地区，一般在播前用氟乐灵进行土壤处理，油菜苗期采用稳杀得、高效盖草能进行药剂防治。油菜苗期化学除草要早、小，在杂草3～4叶时每亩用6.9%威霸70毫升或30～35毫升高效盖草能兑水15千克进行药剂除草，可有效防除野燕麦等禾本科杂草；每亩用高特克30～40克可防薄蒴草、密花香薷、灰藜等阔叶杂草。

（二）根外追肥

油菜初花前对长势较差或出现缺肥症状的地块，每亩用尿素0.5千克兑水60千克进行叶面喷洒，一般喷洒1～2次。

（三）加强病虫害防治

重点对油菜茎象甲和黄跳条甲进行防治。播前可使用“种子营养剂适乐时＋锐胜”统一进行药剂拌种。

四、适时收获

油菜全田80%角果呈黄绿色，大部分角果内种子呈褐色或黑色时收获。

第三节　油菜机械覆膜穴播技术

油菜机械覆膜穴播栽培技术是在传统种植的基础上把油菜高产栽培技术、地膜机械覆盖技术和机械穴播技术有机结合起来形成的一种具有创新性的高产高效栽培技术。采用该项技术，可一次性完成覆膜、膜上打孔播种、镇压、膜孔覆土等多道作业工序，不仅能最大限度地蓄水保墒，减少土壤水分的无效蒸发，而且还能抑制杂草生长，减少劳动力投入，提高油菜单产，增加农民收入。常用主要措施如下。

1. 选用良种：低海拔地区选用青杂5号、青杂6号品种，高海拔地区选用青杂3号、青杂7号等特早熟杂交种。

2. 播前拌种：播前3~10天采用70%锐胜可分散性种子处理剂，按油菜种子量的5‰剂量进行拌种。

3. 合理配方施肥：亩施商品有机肥300千克，油菜专用肥50千克。

4. 覆膜播种：用新型覆膜播种机械一次性完成整地、镇压、覆膜、播种、覆土等多个工序，每幅地膜播种4行，宽窄行播种，行距窄行20厘米，宽行40厘米，株距10厘米，地膜幅距120厘米，播种深度3~4厘米。

5. 把好田管“四关”：①破土关。播种后，若遇上降雨，有的地块的膜上覆土有板结现象，故避免影响出苗。②放苗封孔关。由于是机械覆膜穴播，有因膜孔错位或破土不彻底，造成油菜出苗不好的现象，此时应及时组织人员放苗，避免幼苗被高温灼伤，造成畸形苗和缺苗。同时在放苗后及时封好膜孔，以提高低温，保持土壤墒情。③间定苗关。当油菜长到 3 ~4 片真叶时开始间苗，每穴留 1 ~2 株健苗、壮苗，间苗时结合人工除草，清除膜间杂草。④防虫关。为防止油菜茎象甲发生为害，亩用杀虫剂进行喷施防治。

6. 收获：采用联合收割或分段收获技术。(图 5 -6、图 5 -7)

图 5 -6　油菜机械化覆膜穴播技术

图 5 -7　地膜油菜苗期长势

第四节　油菜抗灾减灾技术

随着全球气候变化，油菜灾害发生频繁，成为影响我国油菜高产稳产的重要因素之一。其中干旱、低温冻害、涝渍及油菜高温热害、油菜菌核病等病害在不同年份、不同地区常单独或交错发生。我国油菜主要分布在南方冬闲地及北方旱区，其中大部分生产区域自然条件、土壤肥力和农业基础设施相对普遍较差，抗灾减灾能力十分薄弱，严重地影响了我国油菜产量、品质和市场竞争力。例如，2006 年长江中游地区发生大面积秋旱，造成我国当年油菜种植面积显著下降；2008 年南方发生 50 年不遇的冰雪冻害和之后暴发的油菜菌核病，造成长江中游地区油菜减产达 30% 以上。因此，了解和掌握我国油菜生产中常见的自然灾害和生物灾害及其防治措施，特别是青海油菜产区的主要灾害特点及其防治技术具有重要的意义。

一、旱灾

（一）旱灾对油菜的危害

我国油菜主产区主要分布在长江流域冬油菜产区和北方春油菜产区，长江中游产区常受秋冬旱危害，长江上游和北方春油菜产区常常受到春旱的危害。通常在干旱条件下，会影响到油菜营养元素的正常吸收，造成油菜缺素性叶片发红，生长缓慢，严重的可造成油菜植株硼元素含量下降，导致油菜花而不实；此外，干旱还易造成油菜蚜虫、菜青虫等的暴发，加重虫害和并发性病毒病。

（二）油菜旱灾的程度分级

旱灾的评价指标既要考虑大气干旱，又要兼顾作物的需水状况。油菜旱灾的评价中，一般依据油菜生长需水关键期连续无有效降水日数（天），将油菜旱灾程度分为四级：即轻度干旱：无有效降雨持续日数达 10～20 天；中度干旱：无有效降雨持续日数达 21～30 天；严重干旱：无有效降雨持续日数达 31～45 天；特大干旱：无有效降雨持续日数大于 45 天。

（三）油菜旱情的调查方法和分级标准

随机抽样 100 株，田间肉眼观察。对调查植株逐株确定干旱程度，一般分为五级：即“0”级：植株正常，叶片没有萎蔫；“1”级：20% 以内的下部叶片萎蔫；“2”级：有 20～50% 叶片发生萎蔫萎缩，但心叶正常；“3”级：植株叶片大部分萎蔫干枯，但心叶仍然存活，植株尚能恢复生长；“4”级：大叶和心叶均萎缩，趋于死亡。

这里涉及的干旱指数，干旱指数（%）$=1\times S\mathrm{I}+2\times S\mathrm{II}+3\times S\mathrm{III}+4\times S\mathrm{IV}\times 100$。

调查总株数 ×4；SⅠ、SⅡ、SⅢ、SⅣ为表现 1～4 级干旱的油菜株数。

（四）油菜抗旱技术措施

油菜的抗旱技术措施包括：①选用抗旱耐旱品种；②节水灌溉抗旱；③抗旱栽培措施；④灾后追肥促苗；⑤追施硼肥；⑥病虫害防治。

二、油菜冷害和冻害

冷害和冻害（包括倒春寒）是指低温对油菜的正常生长产生不利影响而造成的危害。其中，冻害是指气温下降到0℃以下，油菜植株体内发生冰冻，导致植株受伤或死亡；冷害是指0℃以上的低温对油菜生长发育所造成的伤害。如倒春寒指在春季天气回暖过程中，因冷空气的侵入，气温明显降低，对油菜造成危害的天气。

（一）油菜冻害类型及症状

油菜冻害包括三种类型。一是拔根掀苗。土壤在不断冻融的情况下，土层抬起，根系外露，植株吸水吸肥能力下降，根系亦容易发生冻害。二是叶片受冻。受冻叶片呈烫伤水渍状，当温度回升时，叶片发黄，最后发白枯死，严重的可造成地上部分干枯或整株死亡。三是薹花受冻。油菜蕾薹呈黄红色，皮层破裂，部分蕾薹破裂、折断，花器发育迟缓或呈畸形，影响授粉、结实，减产严重。倒春寒主要在冬油菜产区影响油菜幼蕾和开花，花序上出现分段结荚现象，在遭遇倒春寒时叶片及薹茎同时出现冻害现象。（图5－8、图5－9）

图5－8　油菜大田冻害

图5－9　油菜叶片受冻害片状

（二）油菜冷害类型及症状

油菜冷害包括三种类型。一是延迟。油菜生育期显著延迟。二是障碍型。薹花受害，影响授粉和结实。三是混合型。延迟型和障碍型均兼有。症状主要表现在叶片上，出现大小不一的枯死斑，叶色变浅，变黄及叶片萎蔫等症状。

（三）油菜冷害和冻害的程度分级

主要针对低温对油菜植株的展开叶、心叶及生长点的影响而分为以下四级。

1. 个别大叶有冻伤，受害叶层局部呈灰白色，心叶正常，根茎完好，生长点未受冻，死株率在5%以下。

2. 有半数叶片受冻，受害叶层局部或大部枯萎，个别植株心叶和生长点受冻呈水渍状，死株率5%～15%。

3. 大叶全部受冻枯萎，部分植株心叶和生长点受冻呈水渍状，死株率15%～50%。

4. 地上部严重枯萎，大部分植株心叶和生长点受冻，呈水渍状，死株率在50%以上。

三、高寒山区春油菜主要灾害特点及灾害防治措施

高寒山区平均海拔2 800～3 200米，年均温0～2℃，年降水量500毫米以上，气温低，蒸发量小，加上油菜生长季节短，无霜期短，耕作粗放，人少地多，农田杂草较多，适宜种植生育期短的白菜型油菜或特早熟甘蓝型油菜。主要灾害为冰雹、霜冻、草害等。

（一）田间杂草的防治措施

该地区一般草害危害率在18%左右，严重地块达50%，损失率在20%左右。主要杂草为野燕麦、薄蒴草、微孔草等。防治措施应实行“预防为主，综合防治”的方针，人工除草、农业防除、药剂防除有机结合。草害严重的地区要积极推行药剂化学除草。一般在播前用氟乐灵进行土壤处理，油菜苗期采用稳杀得、高效盖草能进行药剂防治。油菜苗期是培育壮苗的关键时期，此时杂草生长旺盛，如不及时防除，易造成草荒苗、草食苗现象，导致油菜生长不良，形成弱苗，造成减产。因此，油菜苗期化除要早、小。在杂草3～5叶时，每亩用6.9%威霸70毫升或高效盖草能30～35毫升兑水15千克进行机械化除苗，可有效防除野燕麦等禾本科杂草和双子叶植物杂草；每亩用高特克30～40克可防薄蒴草、密花香薷、灰藜等阔叶杂草。

（二）冰雹、霜冻预防措施

该地区气候无常，冰雹、霜冻常交错发生，每年降雹平均在10次以上，每三年有一次较大的霜灾或雹灾。地方上常有“地潮天黄，禾苗提防”的说法。油菜预防措施有三：一是做好冰雹灾害的预测预报；二是推广生长过程中能忍受较短的低温或霜冻，尤其是开花临界期温度可以低于一般品种5～7℃，且在受害之后能在较短时间内恢复生长的白菜型油菜或特早熟甘蓝型油菜；三是采取顶凌播种措施，争取生长积温。

第六章　青海油菜主要病虫害防治

一、油菜虫害发生与防治

（一）油菜黄条跳甲

黄条跳甲是油菜苗期的主要害虫，成虫、幼虫均能为害。成虫取食油菜叶片咬成许多小孔，严重时可将全叶吃光。成虫喜食幼嫩部分，在油菜初现子叶时就可将子叶和生长点吃掉，田间成片叶枯死，大面积缺苗，甚至全田毁种。开花结角时，成虫食花蕾和嫩角果，影响正常结果。幼虫危害根部，剥食根表皮，并在根的表面蛀成许多环状虫道，使油菜苗由外向内逐渐变黄，最后萎蔫而死。（图6－1）

图6－1　黄条跳甲成虫

（二）油菜茎象甲

油菜茎象甲危害特点表现在成虫啃食叶片、嫩茎和嫩果皮层，在油菜茎部咬孔产卵，刺激茎部膨大、扭曲、崩裂，植株易倒伏、折断，分枝结角明显减少。幼虫孵化后蛀入茎内，由下而上取食茎髓，茎秆常被蛀空，外观扭曲崩裂，受害轻者虽能开花结实，但提早黄熟，籽粒秕瘦；重者花序皱缩，青枯死亡。

（三）油菜露尾甲

油菜露尾甲多发生在油菜现蕾期。成虫与幼虫取食为害油菜的花蕾、雄蕊、花柄、萼片和嫩荚，造成蕾花干枯死亡，不能正常结实。（图6－2）

图6－2　露尾甲为害

（四）小菜蛾

小菜蛾主要为害油菜、甘蓝、花椰菜等。初龄幼虫仅取食叶肉，留下表皮，在菜叶上形成透明斑，称为“开天窗”；3～4龄幼虫可将菜叶食成孔洞和缺刻，严重时全叶被吃成网状。花期为害油菜嫩茎、幼荚和籽粒，影响结实。十字花科蔬菜连作区小菜蛾常猖獗成灾。抗逆性强，对农药易产生抗性，造成防治上的困难。（图6－3）

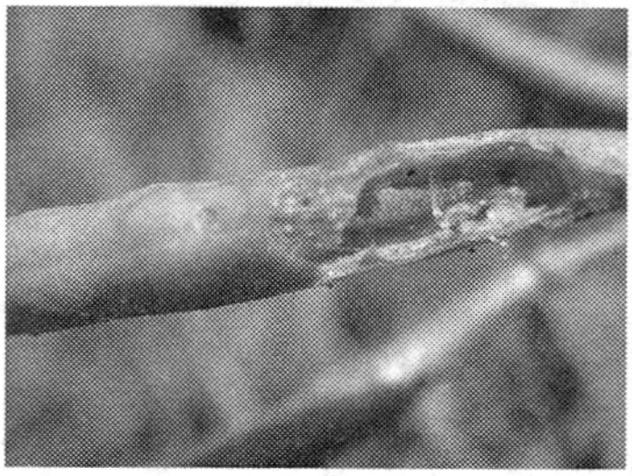

图6－3　小菜蛾幼虫为害

（五）油菜角野螟

油菜角野螟多发生在花期和角果期。幼虫取食油菜角果，受害荚上出现孔洞。幼虫进入角果内取食籽粒，造成空荚。一般在油菜田四周受害较重，油菜荚果被害率10%以上，受害角果内仅留2～3粒籽，甚至空壳。一般受害田产量损失15%左右，严重受害田块产量损失达50%左右，甚至绝产。（图6－4、图6－5）

图6－4　角野螟成虫

图6－5　角野螟幼虫为害

（六）防治方法

油菜虫害的防治应遵循农业防治与药剂防治相结合的综合防治措施，并做到群防、联防、及时、集中防治。

1. 农业防治：应做到合理安排茬口，避免连作。及时清除田间地头杂草，残枝枯叶，尽早秋深翻，消灭虫源。

2. 药剂防治：一是播前使用“适乐时”种子营养剂＋防虫药剂统一进行药剂拌种，防治油菜茎象甲、露尾甲、黄条跳甲等；二是当虫害发生时，选用4.5%高效氯氰菊酯乳油1 500倍液或20%氯虫苯甲酰胺悬浮剂1 000倍液、5%氟虫腈（锐劲特）悬浮剂2 500倍液进行统一喷雾防治，时隔7～10天喷1次，共喷2～3次。尽量做到几种药剂交替使用。

3. 生物防治：一是可选用1.8%阿维菌素2 000倍液喷雾；二是保护油菜田中异色瓢虫、龟纹瓢虫、黑带食蚜蝇、菜蛾啮小蜂、菜蛾绒茧蜂等天敌种群，发挥天敌控制作用，控制抗药性害虫的猖獗发生。

二、油菜菌核病发生与防治

（一）病症

油菜菌核病危害可使植株枯死，导致减产，含油量下降，种子质量变劣等。菌核病侵染油菜时，油菜地上部分各器官均可感病，以后期茎秆受害影响最大。油菜菌核病病斑首先出现在下部叶片上。叶片病斑呈圆形或不规则形，黄褐色或灰白色，典型病斑可见数层同心轮纹，病斑背面呈青色，田间湿度大时，可见白色絮状物。茎秆和分枝病斑为梭形或长条形，淡褐色水渍状，后渐变为灰白色，湿度大时病部软腐，表面着生白色絮状霉层，内部空心，后期可见鼠粪状菌核，干燥后表皮破裂，纤维外露像麻绳丝。花瓣感病可见油渍状褐色小点，发病角果与茎、枝病斑相似，病部灰白，表皮粗糙，有的病角果外被白色菌丝包裹，形成小菌核。（图6－6）

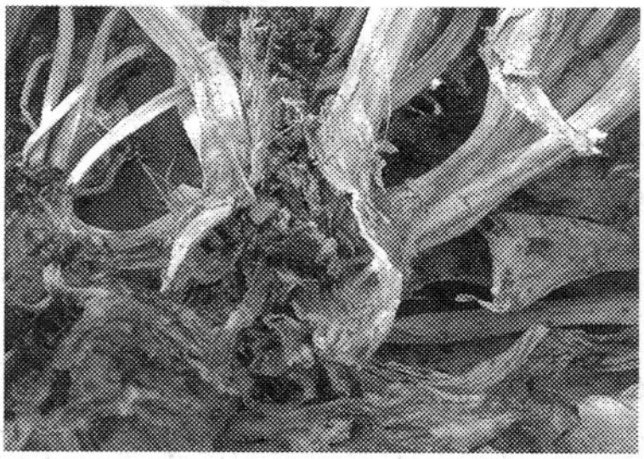

图6－6　油菜菌核病

（二）防治方法

油菜菌核病应采取农业防治与药剂防治相结合的综合防治措施。

1. 农业防治：①油菜与小麦实行两年以上轮作。②选用抗菌核病或感病轻的品种。一般优质油菜凡苗期叶深绿、开花较迟、花期较短、分枝部位较高、茎秆紫色、坚硬抗倒性强的品种感病较轻。③油菜收获前 2～3 天在田间选择无病株或无病株主轴留种。未经田间选种的种子，播前应筛去混杂在种子中的大菌核，用 10% 盐水选种，清除病种、秕粒和小菌核，将下沉的种子洗净阴干后播种。④花期摘除植株中下部病黄老叶 1～3 次，拾出田外处理。合理使用氮肥，避免油菜开花结角期贪青倒伏或脱肥早衰。⑤油菜收获后，拔除油菜残茬，连同脱粒后的残秆及果壳集中沤肥或烧毁，减少作为来年侵染源的菌核数量。

2. 药剂防治：可在油菜花期用 40% 菌核净壳湿性粉剂 1 000～1 500倍溶液或3% 菌核净粉剂防治 1 次，也可用 25% 多菌灵可湿性粉剂每亩 150 克，兑水 75～125 千克，喷雾防治。喷药时间应在盛花期叶病株率在 10% 以上、茎病株率在 1% 以下时进行喷防，喷药部位重点放在植株中下部基叶及地面，并结合田间农业措施进行综合防治。

ལེའུ་དང་པོ། རགས་བཤད།

གཅིག པད་ཁ་ཐོན་སྐྱེད་བྱེད་པའི་དོན་སྙིང་གལ་ཆེན།

པད་ཁ་འདེབས་གསོ་བྱས་པའི་ལོ་རྒྱུས་རྒྱུན་རིང་བ་ཡིན། དེའི་ཁྲོད་ཀྲུང་གོ་དང་ཧིན་རྡུ་ནི་པད་ཁ་འདེབས་གསོ་བྱས་པའི་ཆེས་གནའ་བོའི་རྒྱལ་ཁབ་ཡིན་པ་རེད། པད་ཁའི་འབྱུང་ཁུངས་ལ་སྤྱིར་བཏང་ས་ཁུལ་གཉིས་ཡོད་པར་ངོས་འཛིན་བྱེད་ཅིང་། ཡ་གླིང་ནི་ཡུངས་ཀར་དང་ཚོད་དཀར་དབྱིབས་ཀྱི་པད་ཁའི་འབྱུང་ཁུངས་ལྟེ་བ་ཡིན་ལ། ཡོ་རོབ་གླིང་གི་ས་དབུས་རྒྱ་མཚོའི་ཁུལ་ནི་པད་སོག་དབྱིབས་ཀྱི་པད་ཁའི་འབྱུང་ཁུངས་ལྟེ་བ་ཡིན་པ་རེད། སྐྱེ་ཚེ་དབྱིབས་ཀྱི་པད་ཁ་ནི་འབྱུང་ཁུངས་མང་པོ་ནས་བྱུང་ཞིང་། ཀྲུང་གོ་ནི་ཐོག་མའི་ཐོན་ཁུལ་གྲས་ཀྱི་གཅིག་ཡིན་པ་རེད།

པད་ཁ་ནི་རང་རྒྱལ་གྱི་འདེབས་འཛུགས་རྒྱ་ཁྱོན་མུའུ་དུང་ཕྱུར་ལས་བརྒལ་བའི་ལོ་ཏོག 5ཡི་གྲས་ཡིན། པད་ཁའི་ཐོན་སྐྱེད་ཀྱི་འགྲོད་པའི་རང་བཞིན་ཁྱབ་རྒྱ་ཆེ་ཞིང་སོག་ཤུལ་བབ་བསྟུན་ཆེ་བ། ས་ཞིང་གཤིན་སྦྱར་གྱི་བྱེད་ནུས་ལེགས་པོ་ལྡན་པས། ལོ་གཅིག་ཐེངས་མང་སྨིན་པ་དང་ལོ་གཅིག་ཐེངས་གཅིག་སྨིན་པའི་རྗོ་འདེབས་མ་དཔེ་ཁུལ་ཚང་མར་གོ་གནས་མི་དམན་པ་བཟུང་ཡོད། པད་ཁ་ནི་ལོ་ཏོག་གཞན་དག་དང་ནུས་ལྡན་གྱི་སྒོ་ནས་རེས་འདེབས་བྱས་ན་ས་རྒྱུ་ལེགས་བཅོས་བྱུང་སྟེ་ས་རྒྱུའི་གཤིན་ཚད་མཐོར་འདེགས་གཏོང་ཐུབ་ལ། ལོ་ཏོག་གཞན་པ་བསྟུད་འདེབས་བྱས་པ་ལས་བཟོས་པའི་ནད་དང་འབུ། རྩྭ

ལྷུམ་སོགས་ཞིང་ལས་གནོད་ལྡན་སྐྱེ་དངོས་ཀྱི་གནོད་འཚེ་ཇེ་ཡང་དུའང་གཏོང་ཐུབ་ཅིང་། དེར་བརྟེན་ནས་ལོ་ཏོག་གི་ཐོན་ཚད་མཐོར་འདེགས་གཏོང་ཐུབ། པད་ཁའི་སྣུམ་ནི་རང་རྒྱལ་སྲོལ་རྒྱུན་གྱི་བཟའ་སྣུམ་ཡིན་ཞིང་། ལོ་རེའི་ཐོན་ཚད་ཏུན་ཁྲི་450ཡས་མས་ཡིན་པ་དང་རང་རྒྱལ་ནས་ཐོན་པའི་རྩི་ཤིང་སྣུམ་སྤྱི་འབོར་གྱི་40%ཡན་ཟིན་ལ། ལོ་རེའི་འཛད་སྤྱོད་བྱེད་ཚད་རྒྱལ་ནང་གི་རྩི་ཤིང་སྣུམ་སྤྱི་འབོར་གྱི་1/6ཟིན་པས་རྒྱལ་ནང་གི་བཟའ་སྣུམ་གྱི་ཚོང་རའི་ཁྲོད་ཤིན་ཏུ་གལ་ཆེ་བའི་གོ་གནས་ལྡན་པ་རེད། དེ་ལས་གཞན། པད་ཁའི་ཐོན་ལས་འཕེལ་རྒྱས་ཀྱིས་གསོ་སྐྱེལ་ལས་རིགས་དང་སྦྲང་གསོ་ལས་རིགས། བཟའ་ཆས་ལས་སྣོན་ལས་རིགས་སོགས་འབྲེལ་ཡོད་ཐོན་ལས་ཀྱི་མྱུར་མགྱོགས་འཕེལ་རྒྱས་ལ་སྐུལ་ཁྲིད་བྱེད་པ་ཡིན་པས། དེ་ནི་ས་ཁུལ་གྱི་ཞིང་ལས་ཐོན་ལས་ཀྱི་གྲུབ་ཚུལ་ལེགས་སྒྲིག་དང་ས་ཁོངས་དཔལ་འབྱོར་གྱི་གོང་སྤེལ་རྒྱ་བསྐྱེད་ལ་ཤིན་ཏུ་གལ་ཆེ་བའི་དོན་སྙིང་ལྡན་པ་ཡིན།

གཉིས། པད་ཁའི་རིགས་དབྱེ།

རང་རྒྱལ་དུ་ཐོན་སྐྱེད་བེད་སྤྱོད་ཀྱི་སྟེང་ནས་གོམས་སྲོལ་གྱིས་པད་ཁ་ནི་རིགས་ཆེན་པོ་གསུམ་དུ་དབྱེ་བ་སྟེ། དེ་ནི་རྒྱུན་སྲོལ་གྱི་པད་ཁ(རྒྱུན་སྲོལ་གྱི་བྱེད་ཐབས་ལྟར་འདེབས་གསོ་བྱས་པའི་ཐོན་ཚད་མཐོ་བའི་པད་ཁ)དང་སྤྲུས་ལེགས་ཀྱི་པད་ཁ། (རྒྱུན་སྲོལ་གྱི་བྱེད་ཐབས་ལྟར་འདེབས་གསོ་བྱས་པའི་སྤྲུས་ལེགས་ཀྱི་ཁྱད་གཤིས་ལྡན་པའི་པད་ཁ་སྟེ། གཙོ་བོར་སྣུམ་གྱི་ནང་དུ་ཉུང་འདྲེས་ཙེ་སོན་འདུས་པ་དང་། འབའ་ཆ་ཁྲོད་ལེའུ་ཏའི་ཀྲུན་འབྲུམ་རྟགས་ཀན་གྱི་འདུས་ཚད་དམའ་བའི་པད་ཁ་ལ་སྟོན་པ་ཡིན)འདྲེས་སྦྱོར་བྱས་པའི་པད་ཁ(རྒྱུད་འདེད་རྩང་གཞི་མི་འདྲ་བའི་པད་ཁའི་ས་བོན་ནམ་སོན་རྒྱུད་གཉིས་བེད་སྤྱོད་བྱས་ནས་མཚན་ལྡན་འདྲེས་སྦྱོར་བྱས་རྗེས་བྱུང་བའི་འདྲེས་སྦྱོར་ས་བོན་

རབས་དང་པོ་ཡིན། དཔེར་ན་རྒྱུད་གསུམ་ལེ་ལག་ཆ་ཚང་དང་རྒྱུད་གཉིས་སོན་གསོ། རྫས་འགྱུར་ཕོ་གསོད། རང་སྐྱེབ་གཉེན་འདྲེས་མི་བྱེད་པ་སོགས་ལས་བྱུང་བའི་འདྲེས་སྐྱེབ་ས་བོན་རབས་དང་པོ་ཡིན། རྒྱུད་འདྲེས་ས་བོན་ལ་སྤུས་ལེགས་ཀྱི་ཁྱད་གཤིས་ལྡན་པ་ལ་སྤུས་ལེགས་འདྲེས་སྐྱེབ་པད་ཁ་ཟེར་བ་ཡིན)བཅས་ཡིན།

ཞིང་ལས་ལག་རྩལ་དང་གཤིས་རྣམ་རྨང་གཞི་བྱས་ཏེ་རང་རྒྱལ་གྱི་པད་ཁ་ནི་ཚོད་དཀར་དབྱིབས་དང་སྨེ་ཚེ་དབྱིབས། པད་ལོག་དབྱིབས་བཅས་རིགས་ཆེན་པོ་གསུམ་དུ་དབྱེ་ཡོད། ཚོད་དཀར་དབྱིབས་ཀྱི་པད་ཁ་ལ་ཕལ་སྐད་དུ་པད་ཁ་ཆུང་བ་ཟེར་ཞིང་། བྱང་ཕྱོགས་དབྱིབས་ཀྱི་པད་ཁ་ཆུང་བ་དང་ལྷོ་ཕྱོགས་ཀྱི་སྐྱུམ་ཚོད། བྱང་ཕྱོགས་ཀྱི་སྐྱུམ་ཚོད་བཅས་འདུ་བ་ཡིན། སྡོང་ཁང་ཆུང་དམའ་ཞིང་ལོ་མའི་མདོག་ལྗང་ནག་ནས་ལྗང་སྐྱ་ཡིན། སྙིང་ཕྱོགས་ཀྱི་གཞུང་རྭའི་ལོ་མར་ཡུ་བ་མེད། ལོ་མའི་རྩ་བས་གཞུང་རྭ་ཡོངས་སུ་བཏུམས་ཡོད། མེ་ཏོག་ནི་མདོག་སེར་སྐྱ་ནས་སེར་ནག་ཏུ་མངོན། མེ་ཏོག་གི་འདབ་མ་སྒོར་དབྱིབས་ཆུང་ཆེ་བ། མེ་ཏོག་བཞད་སྐབས་མེ་ཏོག་གི་འདབ་མའི་གཞོགས་གཉིས་ཕན་ཚུན་གཅིག་ཐོག་གཅིག་བརྩེགས་སུ་བསྡོལ་ཡོད། རང་བཞིན་གྱིས་གཞན་དང་སྐྱེབ་ཚད 75%~95%ཡིན་ཞིང་། མེ་ཏོག་ཐ་དད་དབར་ཟེའུ་འབྲུ་ཕོ་མོ་སྐྱེབ་སྦྱོར་བྱེད་པའི་ལོ་ཏོག་དཔེ་མཚོན་ཅན་ལ་གཏོགས། ར་འབྲས་ཆུང་རྒྱུགས་ཤིང་ཆེ་ལ་འབྲས་མཚུ་མངོན་གསལ་ལྡན་ཞིང་། ས་བོན་ཆེ་ཆུང་མི་གཅིག འབྲུ་རྡོག་སྟོང་རེའི་ལྗིད་ཚད་ཁེ 3ཡས་མས་ཡིན། སོན་ལྤགས་ཀྱི་ཁ་དོག་ལ་ཁམ་མདོག་དང་སེར་པོའམ་ཁམ་སེར་ཡོད་པ་ཡིན། སྐྱེ་འཚར་དུས་ཡུན་ཐུང་ཐུང་། ཐོན་ཚད་ཆུང་དམའ། དུས་ཚིགས་ཐུང་བ་དང་ས་རྒྱུའི་གཤིན་ཚད་དམའ་བའི་སར་འདེབས་པར་འཚམ་ལ། ད་དུང་སྔོ་ཚོད་དང་སྐྱུམ་འཚག་པ་གཉིས་སྤྱོད་ཀྱི་ལོ་

ཏོག་བྱེད་ཚིག སྐྱེ་ཚེ་དབྱིབས་ཀྱི་པད་ཁ་ལ་པད་ཁ་ཆེ་བ་དང་པད་ཁ་མཐོན་པོ། པད་ཁ་ཁ་མོ། པད་ཁ་ཚ་བ་སོགས་ཟེར་བ་ཡིན་ལ། སྐྱེ་ཚེའི་རྣམ་སྤྱོད་རྒྱུད་མཆེད་ཡིན། གཙོ་བོར་ལོ་མ་ཆུང་བའི་སྐྱེ་ཚེའི་པད་ཁ་དང་ལོ་མ་ཆེ་བའི་སྐྱེ་ཚེའི་པད་ཁ་སྣེ་རིགས་གཉིས་ཡོད། སྡོང་རྐང་མཐོ་ཞིང་ཆེ་ལ་སྡོང་རྐང་གི་རྣམ་པ་སོབ་སོབ་ཡིན། ལོ་མའི་མདོག་ལྗང་ནག་གམ་ལྗང་སྔུག་ཡིན། ལོ་མའི་ངོས་སུ་སྤྱིར་བཏང་གཉེར་འཁྱུམ་ལྡན་ཞིང་པྲ་ཚིལ་གྱི་ཕྱེ་མས་གཡོགས་པ་དང་ཁྲ་སྤུ་ཡོད། ལོ་མའི་མཐའ་ཁར་སོག་ཁ་ལྡན། གཞུང་རྩའི་སྙེང་གི་ལོ་མར་ཡུ་བ་ཡོད་ཅིང་གཞུང་རྩ་བཏུམས་མེད། རྩ་བའི་ལོ་མར་ལོ་མ་མཐའ་གསམ་ཆུང་བ་དང་མེ་ཏོག་གི་འདབ་མ་ཡོད་པ་ཡིན། མེ་ཏོག་སེར་སྐྱའམ་དཀར་སེར་ཡིན། འདབ་མ་ཆུང་། མེ་ཏོག་བཞད་པའི་དུས་སུ་འདབ་མ་བཞི་པོ་སོ་སོར་གྱེས་པ་ཡིན། རང་སྦེབ་གཉེན་མཐུན་རང་བཞིན་ལྡན་པ་ཡིན། རང་སྦེབ་འབྲས་བུ་འགྲུབ་ཚད་70% ~80%ལ་བསླེབ་པ་ཡིན། ར་འབྲས་སྲ་ཞིང་ཐུང་བ་ཡིན། ས་བོན་ཆུང་། འབྲུ་རྡོག་སྟོང་རེའི་ལྗིད་ཚད་ཁེ 1~2ཡིན། ཁ་ཚའི་བྲོ་བ་ཉུང་ཆེ། སོན་ལྤགས་ལ་སེར་པོ་དང་དམར་པོ། ཁམ་མདོག་སོགས་ཡོད། སྐྱེ་འཚར་དུས་ཡུན་འབྲིང་། ཐོན་ཚད་མི་མཐོ། འོན་ཀྱང་ས་རྒྱུ་ཞན་པ་བསྲན་ཐུབ་པ་དང་ཐན་པ་བསྲན་པ། གྲང་ངར་བསྲན་ཐུབ་པ་ཡིན་ཞིང་རི་ཁུལ་དུ་འདེབས་པར་འཚམ་པ་མ་ཟད། གྲང་ངར་ཆེ་བའི་ས་ཁུལ་དང་ས་རྒྱུ་ཞན་པའི་ས་ཁུལ་དུ་འདེབས་པ་ཡིན། བྲོ་རྫས་དང་བསུང་རྫས་ཀྱི་ལོ་ཏོག་བྱེད་ཚིག པད་ལོག་དབྱིབས་ཀྱི་པད་ཁ་ལ་ཕྱི་གླིང་པད་ཁ་དང་ཕྱི་ཡུལ་པད་ཁ་སོགས་སུ་འབོད། སྡོང་རྐང་འབྲིང་བའམ་མཐོ་བ་ཡིན། ཡལ་ག་དང་ལོ་མ་སྟུག་པོ་ཡོད། ལོ་མའི་མདོག་སྔོ་ལྗང་པད་ལོག་དང་འདྲ་ལ། མང་ཆེར་པྲ་ཚིལ་གྱི་ཕྱེ་མས་གཡོགས་ཡོད། གཞུང་རྩའི་ལོ་མར་ཡུ་བ་མེད་ཅིང་གཞུང་རྩ་ཕྱེད་ཙམ་བཏུམས་ཡོད། རྩ་བའི་ལོ་མར་གེམ་དབྱིབས་ཀྱི་ལོ་མ་མཐའ་

གས་མའམ་མེ་ཏོག་གི་འདབ་མ་ཡོད། མེ་ཏོག་གི་འདབ་མ་ཆེ་ཞིང་སེར་པོ་ཡིན། མེ་ཏོག་བཞད་སྐབས་འདབ་མའི་གཞོགས་གཉིས་ཕན་ཚུན་ཐོག་བརྩེགས་ཀྱིས་བསྡོལ་ཡོད། རང་སྨིན་འབྲས་བུ་འབྱུང་ཚད་སྤྱིར་བཏང་60%ཡན་ཡིན། རྣ་འབྲས་རྩུང་རིང་བ་ཡིན། ས་བོན་རྩུང་ཆེ། འབྲུ་རྡོག་སྟོང་རེའི་ལྗིད་ཚད་ཁེ3~4ཡིན། སོན་ལྷགས་མདོག་ཁམ་ནག་ཡིན། སྐྱེ་འཚར་དུས་ཡུན་རྩུང་རིང་། ཐོན་འཕར་གྱི་སྟབས་ཤུགས་ཆེ། རྩམ་ནད་དཀར་པོ་དང་གཉན་སྲིན་དུག་ནད་འགོག་པའི་ནུས་པ་དྲག་པོ་ཡོད། གྲང་ངར་བསྲན་ཐུབ་པ་དང་ལུད་བསྲན་ཐུབ་ལ་འཕྲོད་པའི་རང་བཞིན་ཁྱབ་ཆེ་བ་ཡིན། གྲུང་གོ་ནི་འཛམ་གླིང་སྟེང་པད་ལོག་དབྱིབས་ཀྱི་པད་ཁ་ཐོན་སྐྱེད་བྱེད་ཁུལ་ཆེན་པོ་གསུམ་གྱི་ཡ་གྱལ་ཡིན་པ་རེད། (ཐོན་སྐྱེད་བྱེད་ཁུལ་ཆེན་པོ་གཞན་གཉིས་ནི་ཡོ་རོབ་གླིང་དང་ཁ་ན་ཏ་གཉིས་ཡིན)

ལེའུ་གཉིས་པ། པད་ཁའི་ཐོན་ལས་འཕེལ་རྒྱས་ཀྱི་ད་ལྟའི་གནས་ཚུལ།

ས་བཅད་དང་པོ། པད་ཁ་ཐོན་སྐྱེད་ཀྱི་ད་ལྟའི་གནས་ཚུལ།

གཅིག པད་ཁའི་ས་བོན་འདེམ་གསོ།

མཚོ་སྔོན་ཞིང་ཆེན་ནི་རང་རྒྱལ་གྱི་དཔྱིད་འདེབས་པད་ཁའི་ཐོན་སྐྱེད་ཁུལ་གཙོ་བོ་ཡིན། དུས་རབས་20བའི་ལོ་རབས་70བ་ནས་ད་ལྟ་བར་དུ་ས་བོན་བརྗེ་བསྒྱུར་ཐེངས་གསུམ་བརྒྱུད་ཟིན་པ་རེད། དུས་རབས་20བའི་ལོ་རབས་70ནས་ལོ་རབས་80བའི་མགོར། མཚོ་སྔོན་ཞིང་ཆེན་གྱིས་ཕྱི་རྒྱལ་ནས་པད་ལོག་དབྱིབས་ཀྱི་ཅེ་སོན་ཤུང་འདུས་ས་བོན་ཨའོ་ལུའོ་དང་། ཅེ་སོན་དང་ལེའུ་ཏའི་ཤུང་འདུས་ཅན་གྱི་ས་བོན་ཐུའོ་ཨར་ནང་འདྲེན་བྱས་ཏེ་ལུང་གཞུང་དང་རི་ཐང་མཚམས། རི་མ་ས་ཁུལ་བཅས་སུ་ཁྱབ་སྤེལ་བྱས་རྗེས་ཐོན་ལེགས་རང་བཞིན་བཟང་པོ་མངོན་པ་རེད། ལོ་རབས་90པར། མཚོ་སྔོན་ཞིང་ཆེན་ཞིང་ནགས་ཚན་རིག་སླིང་དཔྱིད་འདེབས་པད་ཁ་ཞིབ་འཇུག་ལྟེ་གནས་ཀྱིས་རང་འགུལ་གྱིས་པད་ལོག་དབྱིབས་ཀྱི་ཟུང་དམའ་དཔྱིད་འདེབས་པད་ཁའི་ས་བོན“མཚོ་སྔོན་པད་ཁ་ཨང་14པ”དང་། ཆོད་དཀར་དབྱིབས་ཀྱི་ཟུང་དམའ་ས་བོན“མཚོ་སྔོན་པད་ཁ་ཨང་15པ”དང“མཚོ་སྔོན་པད་ཁ་ཨང་17པ”བཅས་འདེབས་གསོ་ལེགས་གྲུབ་བྱུང་ཞིང་། “ལོ་ལྔའི་འཆར་གཞི་དགུ་བ”ནས“ལོ་ལྔའི་འཆར་

གཞི་བཅུ་གཅིག་པའི”བར་དུ། ཡང་སྔ་རྗེས་སུ“མཚོ་སྔོན་འདྲེས་སྡེབ་རིམ་བརྒྱུད”དང“ཧྭའུ་ཧྲེང 010”སོགས་པད་ཡོག་དབྱིབས་ཀྱི་ཐུང་དམའ་དབྱིད་འདེབས་པད་ཁའི་འདྲེས་སྡེབ་ས་བོན་འདེབས་གསོ་བྱས་ཏེ། མཚོ་སྔོན་ཞིང་ཆེན་དང་བྱང་ཕྱོགས་དབྱིད་འདེབས་པད་ཁ་ཐོན་སྐྱེད་ཁུལ་དུ་དཔལ་འབྱོར་གྱི་ཕན་འབྲས་དང་སྤྱི་ཚོགས་ཀྱི་ཕན་འབྲས་མངོན་གསལ་ལྡན་པ་བླངས་པ་རེད། ལྷག་པར་དུ་ཤིན་ཏུ་སྔ་སྨིན་ཅན་གྱི་ཐུང་དམའ་འདྲེས་སྡེབ་ས་བོན་མཚོ་སྔོན་འདྲེས་སྡེབ་ཨང 3པ་དང་ཨང 4བ། ཨང 7པ་བཅས་ཀྱི་འདེམ་གསོ་ལེགས་འགྲུབ་བྱུང་བས་མཚོ་སྔོན་གྱི་གྲང་ངར་ཆེ་བའི་ས་ཁུལ་གྱི་ཕྲུས་ལེགས་པད་ཁའི་སྤུར་མགྱོགས་འཕེལ་རྒྱས་ལ་སྐུལ་སྤེལ་ཆེན་པོ་བྱས་པ་རེད། ལོ་རབས 90པ་ནས་བཟུང་འདེབས་འཛུགས་ལས་རིགས་ཀྱི་གྲུབ་ཚུལ་ལེགས་སྒྲིག་དང་བསྟུན་ནས། པད་ཁའི་ཐོན་ལས་ནི་ཚན་རིག་ལག་རྩལ་ལ་བརྟེན་ནས་མཚོ་སྔོན་འདྲེས་སྡེབ་རིམ་བརྒྱུད་དང་ཧྭའོ་ཡིའུ་རིམ་བརྒྱུད་སོགས་ཕྲུས་ལེགས་ས་བོན་དང་། དེ་དང་ལེ་ལག་ཆ་འགྲིག་གི་ས་དཔྱད་རྫས་སྦྱོར་ལུད་རྒྱག་ལག་རྩལ་དང་སྔ་འདེབས་ཤུར་འདེབས་ལག་རྩལ། ཚད་ཞིབ་ཕྱེད་ཅན་གྱི་སོན་འདེབས་ལག་རྩལ། ཞིང་ལས་གནོད་ལྡན་སྐྱེ་དངོས་ཕྱོགས་བསྡུས་འགོག་བཅོས་སོགས་ཀྱི་ལག་རྩལ་ཤུགས་ཆེན་པོས་ཁྱབ་སྤེལ་བྱས་པ་བརྒྱུད། པད་ཁའི་འདེབས་འཛུགས་རྒྱ་ཚད་ཆེ་ཆེར་མཐོར་འདེགས་བྱུང་ཞིང་། མུའུ་རེའི་ཐོན་ཚད་འཕར་ཚད་མངོན་གསལ་ཡིན་པ་སྟེ་ཆ་སྙོམས་མུའུ་རེའི་ཐོན་ཚད 2000ལོའི་སྐྱང་ཁ 68.6ནས 2014ལོའི་སྐྱང་ཁ 130.9ལ་གོང་མཐོར་ཕྱིན་པ་རེད། མཚོ་སྔོན་འདྲེས་སྡེབ་ཨང 5བ་ས་བོན་གྱིས་སྐྱང་ཁ 450ཡི་དཔྱིད་འདེབས་པད་ཁའི་ཐོན་ཚད་མཐོ་བའི་ཟིན་ཐོ་བསྐྲུན་སོང་། 2014ལོར་མཚོ་སྔོན་ཞིང་ཆེན་གྱི་འདྲེས་སྡེབ་བྱས་པའི་པད་ཁའི་འདེབས་འཛུགས་རྒྱ་ཁྱོན་མུའུ་ཁྲི 155ལ་བསླེབས་ཤིང་ཞིང་ཆེན་ཡོངས་ཀྱི་པད་

ཁ་འདེབས་པའི་སྤྱིའི་རྒྱ་ཚོན་གྱི་64.5%ཟིན་པ་རེད། མིག་སྔར། པད་ཁ་ནི་མཚོ་སྔོན་གྱི་ལོ་ཏོག་ཆེན་པོ་ཨང་དང་པོར་གྱུར་ཅིང་། འདེབས་འཛུགས་ཀྱི་ཁྱབ་ཚུལ་ལེགས་སྒྱུར་བྱས་ཏེ་ཞིང་པའི་ཡོང་སྒོ་ཇེ་མང་དུ་གཏོང་བའི་ཁྲོད་ཤིན་ཏུ་གལ་ཆེ་བའི་བྱེད་ནུས་འདོན་སྤེལ་བྱེད་བཞིན་ཡོད་པ་རེད།

གཉིས། པད་ཁའི་ཐོན་རྫས་ཀྱི་འཛད་སྤྱོད།

མིག་སྔར། མཚོ་སྔོན་ཞིང་ཆེན་གྱི་པད་ཁ་ཐོན་སྐྱེད་ཁྲོད་ཁྱབ་སྤེལ་དང་བེད་སྤྱོད་བྱེད་པའི་མཚོ་སྔོན་འདྲེས་སྦྱེབ་རིམ་བརྒྱུད་དང་མཚོ་སྔོན་པད་ཁ་རིམ་བརྒྱུད། ཧའོ་ཡིའུ་རིམ་བརྒྱུད་སོགས་པད་ཁའི་ས་བོན་གསར་བ་ལ་སྨིན་སྔ་བ་དང་ཐོན་ཚད་ལེགས་པ། རྒྱུ་ཕྲུས་བཟང་བ། གཉན་འགོག་རང་བཞིན་དྲག་པ་སོགས་ཀྱི་ཁྱད་གཤིས་བཟང་པོ་ལྡན་ཞིང་། པད་ཁ་ཐོན་ཁུལ་གྱི་རྒྱ་ཆེ་བའི་རོང་འབྲོག་མི་དམངས་ཀྱིས་དགའ་བསུ་འཐོབ་བཞིན་ཡོད། "ལོ་ལྔའི་འཆར་གཞི་དགུ་པའི"ཚུན་ལ། མཚོ་སྔོན་འདྲེས་སྦྱེབ་རིམ་བརྒྱུད་ཀྱིས་གཙོས་པའི་ཟུང་དམའ་པད་ཁའི་ས་བོན་གསར་བ་དེ་ཀན་སུའུ་དང་ནང་སོག ཞིན་ཅང་སོགས་ཞིང་སྡོངས་དང་མོང་གོལ་རྒྱལ་ཁབ་སོགས་བྱང་ཕྱོགས་དཔྱིད་འདེབས་པད་ཁ་ཐོན་ཁུལ་དུ་རྒྱ་ཚོན་ཆེན་པོས་ཁྱབ་སྤེལ་བེད་སྤྱོད་ཐོབ་ཅིང་། མཚོ་སྔོན་ཞིང་ཆེན་ནང་དུ་འདེབས་པར་འཚམ་པའི་ས་ཁུལ་གྱི་སོན་བཀོལ་དགོས་མཁོ་བསྐངས་པ་ལས་གཞན། ལོ་རེར་ཕྱིར་གཏོང་གི་ཚད་ཕལ་ཆེར་སྟོང་ཁེ་ཁྲི 25ཡིན། དེས་ཀྱང་ཞིང་ཆེན་ཕྱིའི་པད་ཁའི་ས་བོན་དགོས་མཁོའི་ཚད་ཀྱི་21%ཡས་མས་སྐོང་ཐུབ་པ་ཙམ་ཡིན་པས་དགོས་མཁོ་ཤིན་ཏུ་ཆེ་བ་རེད།

པད་ཁའི་འབྲུ་སྣུམ་ནི་རང་རྒྱལ་གྱི་ཐོན་ཚད་ཆེས་ཆེ་བའི་རྩི་ཤིང་སྣུམ་ཡིན་ཞིང་། ཕལ་ཆེར་རྒྱལ་ནང་ནས་ཐོན་སྐྱེད་བྱས་པའི་རྩི་ཤིང་སྣུམ་སྤྱིའི་ཐོན་ཚད་ཀྱི་40%ཟིན་པ་དང་། རྒྱལ་ནང་གི་བཟའ་བྱའི་རྩི་ཤིང་སྣུམ་འཛད་སྤྱོད་སྤྱི་

འབོར་གྱི་1/6ཟིན་པ་རེད། པོད་ཁའི་འབྲུ་སྣུམ་ནི་རང་རྒྱལ་འབྲི་ཆུའི་འབབ་ཡུལ་དང་ནུབ་བྱང་ས་ཁུལ་གྱི་གྲོང་ཁྱེར་དང་གྲོང་གསེབ་སྡོད་དམངས་ཀྱི་བཟའ་བྱའི་རྩེ་ཤིང་སྣུམ་གཙོ་བོ་ཡིན། མཚོ་སྔོན་ཞིང་ཆེན་གྱི་དཔྱིད་འདེབས་པོད་ཁ་ལ་ཚོང་རྫས་ཀྱི་ངོ་བོ་ལེགས་པོ་ལྡན་ཞིང་། སྣུམ་ཐོན་ཚད་མཐོ་བ་དང་བརྫད་སྐྱོན་མེད་པ་ལ་བརྟེན་ནས་མཚན་སྙན་རྒྱལ་ཡོངས་སུ་ཁྱབ་ཡོད། སྣུམ་གྱི་ཐོན་རྫས་ནི་གཙོ་བོར་བོད་ལྗོངས་དང་སི་ཁྲོན། ཧྲའན་ཞི་སོགས་ས་ཁུལ་དུ་ཕྱིར་འཚོང་བྱེད་བཞིན་ཡོད། མཚོ་སྔོན་ཞིང་ཆེན་གྱི་དཔལ་འབྱོར་འཕེལ་རྒྱས་སྟོབས་བཅས་ཀྱིས་རྗེས་ལུས་ཡིན་པ་དང་པོད་ཁ་ལས་སྣོན་བྱེད་པའི་ལག་རྩལ་གྱི་ཆུ་ཚད་ཅུང་དམའ་བ་ལ་སོགས་པའི་རྒྱུ་རྐྱེན་གྱི་ཚོད་འཛིན་ཐེབས་པར་བརྟེན། ཞིང་ཆེན་ཡོངས་ཀྱི་པོད་ཁའི་འབྲུ་ནི་བསྡུར་ཚད་ཆེན་པོ་ཞིག་གི་སྟེང་ནས་མ་བཅོས་རྒྱུ་ཆའི་རྣམ་པས་ཕྱིར་འཚོང་བྱེད་པ་དང་། ལས་སྣོན་བྱས་པའི་ཐོན་རྫས་ཀྱི་ཟུར་སྣོན་རིན་ཐང་ཅུང་དམའ་བ་མ་ཟད། ཞར་ཐོན་ཐོན་རྫས་ཀྱི་གསར་སྤེལ་དང་བེད་སྤྱོད་ཀྱི་ཚད་ཀྱང་མི་མཐོ་བ་ཡིན། ལས་སྣོན་བྱས་པའི་སྣུམ་རྫས་ནི་མང་ཆེར་རིམ་གཉིས་བཙགས་སྣུམ་ཡིན་ཞིང་། ཞིབ་ཟབ་ཀྱི་ལས་སྣོན་ལག་རྩལ་ཆུ་ཚད་ཀྱིས་ད་དུང་མི་རྣམས་ཀྱིས་བཟའ་བྱའི་སྣུམ་གྱི་རྒྱུ་སྤུས་ལ་འཛིན་པའི་ཚད་ལས་མཐོ་ཞིང་གསར་བའི་རེ་འདུན་ཆེས་ཆེར་སྐོང་མི་ཐུབ་པ་རེད། དེ་ལས་གཞན། མཚོ་སྔོན་མིའི་ཆ་སྙོམས་ལོ་རེའི་བཟའ་བྱའི་སྣུམ་འཛད་སྤྱོད་བྱེད་ཚད་ཕལ་ཆེར་སྐྱེང་ཁ་10ཡིན་པ་དེ། རང་རྒྱལ་གྱི་མི་རེའི་ཆ་སྙོམས་ཀྱི་རྩེ་ཤིང་སྣུམ་འཛད་སྤྱོད་བྱེད་ཚད་སྐྱེང་ཁ་21.7དང་བསྡུར་ན་ད་དུང་ཧེ་བག་ཅུང་ཆེ་བ་ཡོད་པ་རེད། དེང་ཕྱིན། པོད་ཁ་ལས་སྣོན་ཁེ་ལས་མུ་མཐུད་འཕེལ་རྒྱས་དང་རྒྱ་བསྐྱེད་འགྲོ་བ་དང་བསྟུན་ནས། མཚོ་སྔོན་ཞིང་ཆེན་གྱི་པོད་ཁ་ཐོན་ལས་ཀྱིས་ཞིང་ལས་ཐོན་སྐྱེད་ཁྲིད་སྟར་ལས་ལྷག་པའི་སྣེ་ཁྲིད་ཀྱི་བྱེད་ནུས་འདོན་ངེས་པ་ཡིན།

གསུམ། པད་ཁའི་ཐོན་རྫས་ཀྱི་ཚོང་རའི་འཁོར་རྒྱུག

པད་ཁའི་ཐོན་རྫས་ནི་མཚོ་སྔོན་ཞིང་ཆེན་གྱི་ཞིང་ལས་ཐོན་སྐྱེད་ཁྲོད་ཀྱི་གཙོ་ཁྲིད་ཐོན་ལས་ཀྱི་གྲས་ཡིན། ཚོང་རྫས་ཀྱི་ཚད་80%ཡན་ཡིན་ཞིང་། རྒྱལ་ནང་གི་ཚོང་ར་ན་མཚན་སྙན་མཐོན་པོ་རྒྱས་ཡོད། དེའི་ཁྲོད་སི་ཁྲིན་དང་ཧྲང་ཏའི་སོགས་ས་ཆར་དགོས་མཁོའི་ཚད་ཆེ་བ་ཡིན། ཚོང་རའི་རིན་གོང་གི་ཤུགས་རྐྱེན་གྱི་དབང་གིས་མཚོ་སྔོན་ཞིང་ཆེན་གྱི་པད་ཁའི་འཕེལ་རྒྱས་དོ་མི་མཉམ་ཞིང་འཕར་ཆག་ཆུང་ཆེ། མིག་སྔར། ས་ཆ་སོ་སོར་ཁྱབ་པའི་འདེབས་འཛུགས་ལས་རིགས་ཀྱི་མཐུན་ཚོགས་དང་པད་ཁ་ཐོན་སྐྱེད་མཐུན་ཚོགས་ཀྱིས་ཞིང་ཆེན་ཡོངས་ཀྱི་པད་ཁའི་ཚོང་རའི་འཁོར་རྒྱུག་ཁྱབ་ཁོངས་ནང་གལ་ཆེ་བའི་མཚམས་སྦྱོར་དང་ཟམ་པ་ལྟ་བུའི་ནུས་པ་བཏོན་ཡོད། ཡིན་ནའང་རྩ་འཛུགས་ཚད་ལྡན་མིན་པ་དང་ཆ་འཕྲིན་སངས་པོ་མེད་པ། མཐུན་ཚོགས་ཀྱི་མངག་ཐོའི་བཀག་སྐྱིལ་ནུས་པ་ཆུང་བ། པད་ཁའི་འཁོར་རྒྱུག་གི་ཐབས་ལམ་ལ་ཚད་ཡོད་པ་བཅས་ཀྱིས་ཞིང་ཆེན་ཡོངས་ཀྱི་པད་ཁའི་ཐོན་ལས་འཕེལ་རྒྱས་ཀྱི་རེ་འདུན་ནི་སྒྲུབ་ཐབས་མེད་པ་ཞིག་རེད། ཕྱོགས་ཡོངས་ནས་རྒྱལ་ཡོངས་པད་ཁའི་ཐོན་ལས་འཕེལ་རྒྱས་ཀྱི་ད་ལྟའི་གནས་ཚུལ་དང་འཕེལ་ཕྱོགས་ལ་བལྟས་ཏེ། ཧུར་བརྩོན་གྱིས་པད་ཁའི་དུས་བཅད་ཚོང་རའི་འཁོར་རྒྱུག་རྣམ་པར་ཉམས་ཞིབ་བྱས་ན། ཚོང་རར་སྟོན་དཔག་བྱས་པ་བརྒྱུད་དེ་པད་ཁ་ཐོན་སྐྱེད་ཀྱི་སྟོན་དཔག་གི་ཕན་འབྲས་མངོན་འགྱུར་བྱུང་ཐུབ་ལ། ཚད་ངེས་ཅན་ཞིག་གི་སྟེང་ནས་ཚོང་རའི་ཉེན་ཁ་ལས་གཡོལ་ཏེ་ཞིང་པའི་ཡོང་འབབ་འཕར་སྣོན་འབྱུང་བའི་རེ་བའང་སྲིད་པ་ཡིན།

ས་བཅད་གཉིས་པ། པད་ཁ་ཐོན་ཁུལ་གྱི་ཁྱབ་སྟངས།

རང་རྒྱལ་གྱི་པད་ཁ་ཐོན་སྐྱེད་ཁྱབ་སྟངས་ཅུང་ཁྱབ་རྒྱ་ཆེ་བ་ཡིན་ཏེ། མིག་སྔར་པེ་ཅིང་དང་ཐེན་ཅིན། ལེའོ་ཉིང་། ཧའེ་ནན་བཅས་ཞིང་ཆེན་དང་གྲོང་ཁྱེར་ལས་གཞན། གཞན་པའི་ཞིང་ཆེན 27 (ལྗོངས་དང་གྲོང་ཁྱེར)ཚང་མར་འདེབས་འཛུགས་བྱེད་པ་ཡིན། གནམ་གཤིས་དང་སྐྱེ་ཁམས་ཆ་རྐྱེན་མི་འདྲ་བ་གཞིར་བཟུང་སྟེ་རང་རྒྱལ་གྱི་པད་ཁ་ཐོན་སྐྱེད་ནི་ཐོན་སྐྱེད་ས་ཁོངས་བཞི་རུ་དབྱེ་ཆོག་པ་སྟེ། འབྲི་ཆུའི་འབབ་རྒྱུད་ཀྱི་དགུན་འདེབས་པད་ཁ་ཁུལ་དང་ནུབ་བྱང་པད་ཁ་ཁུལ། བྱང་ཤར་གྱི་དཔྱིད་འདེབས་པད་ཁ་ཁུལ། ཧྭ་ནན་གྱི་དགུན་འདེབས་པད་ཁ་ཁུལ་བཅས་ཡིན། དེའི་ཁྲོད་འབྲི་ཆུའི་འབབ་རྒྱུད་ཀྱི་དགུན་འདེབས་པད་ཁ་ཁུལ་ནི་ཆེས་གཅིག་འདུས་ཀྱི་ཐོན་ཁུལ་ཡིན་ལ། ཁུལ་འདི་ནི་ཚ་ཁུལ་ཕལ་བར་གནས་ཤིང་གནམ་གཤིས་དྲོ་པོ་ཡིན་པ། ཆར་ཆུ་འབེལ་པོ་ཡོད་པ། ས་གཤིས་གཤིན་པོ་ཡོད་པ། ལོའི་ཆ་སྙོམས་དྲོད་ཚད 10.6~19.9℃ ཡིན། ≥10℃ཡི་ཕན་ཡོད་དྲོད་ཚད་ཀྱི་བསྡོམས་གྲངས་ནི 3 485~4 000℃ དང་། སད་མེད་པའི་དུས་ཡུན་ཉིན 203 ~352ཡིན། ལོ་གཅིག་གི་ཆར་འབབ་ཚད་ཧའོ་མིད 1 000~1 900ཡིན། པད་ཁའི་སྐྱེ་འཚར་དུས་ཡུན་སྐབས་ཀྱི་ཟླ 9བ་ནས་ཕྱི་ལོའི་ཟླ 5བ་བར་གྱི་གནམ་གཤིས་ཀྱི་ཁྱད་གཤིས་ནི་པད་ཁའི་དཔྱིད་འགྱུར་དང་བདེ་འཛུགས་ངང་དགུན་བརྒལ་བྱེད་པར་ཤིན་ཏུ་ཕན་པ་ཡིན། སྟོན་མཇུག་དང་དཔྱིད་མགོའི་དུས་ཚིགས་སུ་ཉི་འོད་འཛོམས་པོ་ཡིན་པས་པད་ཁའི་སྐྱེ་འཚར་ལ་ཤིན་ཏུ་འཚམ་པ་ཡིན། དེའི་ཕྱིར། ས་ཁུལ་འདིའི་པད་ཁའི་འདེབས་འཛུགས་རྒྱ་ཁྱོན་དང་ཐོན་ཚད་སོ་སོས་རྒྱལ་ཡོངས་ཀྱི་པད་ཁའི་འདེབས་འཛུགས་

རྒྱ་ཁྲོན་དང་སྤྱིའི་ཐོན་ཚད་ཀྱི་87%དང་89%ཟིན་པ་ཡིན། དཔྱིད་འདེབས་པད་ཁ་ལ་ཆེས་འཚམ་པའི་གནམ་གཤིས་ཁུལ་ལ་མཚོ་སྔོན་ཞྭ་འདམ་གཞོང་གསེང་སའི་ཤར་ཁུལ་དང་མཚོ་ལྷོ། མཚོ་ཤར་ས་ཁུལ། སི་ཁྲིན་གྱི་ནུབ་རྒྱུད། ཀན་སུའུ་ཡི་ལྷོ་ནུབ། ནང་སོག་གི་དབྱིན་ཧྲན་གྱི་ཤར་ཕྱོགས། ཞིན་ཅང་། ཧེ་ལུང་ཅང་། ཅི་ལིན་གྱི་ཤར་ལྷོ་ས་ཁུལ་བཅས་འདུ་བ་ཡིན། ས་ཁོངས་འདིའི་ཆར་ཆུ་འབབ་ཚད་ཧ་འོ་སྨིད300ཡན་ཡིན་ཞིང་། དྲོད་ཚད་འོས་འཚམ་ཡིན་པ། ཉི་འོད་འཛོམས་པོ་ཡིན་པ། ཉིན་མཚན་གྱི་དྲོད་གྲང་ཧེ་བག་ཆེ་བ་བཅས་ཡིན་པས་པད་ཁའི་སྐྱེ་འཚར་འཚར་ལོངས་ལ་ཕན་པ་ཡིན། དེའི་མཚུངས་སུ། ས་ཁོངས་འདིའི་པད་ཁའི་འབྲུ་རྡོག་གི་འབྲུ་རྡོག་སྟོང་རེའི་ལྗིད་ཚད་ཆེ་ཞིང་སྣུམ་འདུས་ཚད་མཐོ་བས་རང་རྒྱལ་དཔྱིད་འདེབས་པད་ཁའི་ཐོན་ཚད་མཐོ་བའི་ཁུལ་ཡིན་པ་རེད།

དཔྱིད་འདེབས་པད་ཁ་ནི་མཚོ་སྔོན་ཞིང་ཆེན་གྱི་ལོ་ཏོག་ཆེན་པོ་དྲུག་གི་ཡ་གྱལ་ཡིན་ཞིང་། ཐུང་རིང་བའི་འདེབས་འཛུགས་ལོ་རྒྱུས་ཡོད་པ་ཡིན། ཞིང་ཆེན་ནང་གི་སྐྱེ་ཁམས་ཁུལ་མི་འདྲ་བ་ཚང་མར་ཁྱབ་ཡོད། རིགས་གཅིག་ནི་པད་སོག་དབྱིབས་ཀྱི་པད་ཁ་ཡིན་ཞིང་དེའི་སྐྱེ་འཚར་དུས་ཡུན་ཐུང་རིང་། གཙོ་བོར་སད་མེད་པའི་དུས་ཡུན་ཐུང་རིང་བའི་མཚོ་ངོས་ལས་མཐོ་ཚད་དམའ་བའི་ས་ཁུལ(མཚོ་ངོས་ལས་མཐོ་ཚད་སྨིད 2 800ཡི་མན)དུ་ཁྱབ་ཡོད། རིགས་གཅིག་ནི་ཚོད་དཀར་དབྱིབས་ཀྱི་པད་ཁ་ཡིན་ཞིང་གཙོ་བོར་པད་སོག་དབྱིབས་ཀྱི་པད་ཁ་རྒྱུན་ལྡན་དུ་སྨིན་མི་ཐུབ་པའི་གྲང་ངར་ཆེ་བའི་ས་ཁུལ(མཚོ་ངོས་ལས་མཐོ་ཚད་སྨིད 2800ཡི་ཡན)དུ་ཁྱབ་པ་སྟེ། གཙོ་བོར་མཚོ་བྱང་ཁུལ་དང་མཚོ་ལྷོ་ཁུལ། ཤར་རྒྱུད་ཞིང་ལས་ཁུལ་གྱི་གྲང་ངར་ཆེ་བའི་ས་ཁུལ་བཅས་སུ་འདེབས་འཛུགས་བྱེད་པ་ཡིན། སྐྱེ་ཚེ་དབྱིབས་ཀྱི་པད་ཁ་ནི་མཚོ་སྔོན་ཞིང་ཆེན་ནང་ཐར་ཐོར་དུ་འདེབས་པ་ཙམ་ཡིན།

ལེའུ་གསུམ་པ། པད་ཁའི་སྐྱེ་དངོས་རིག་པའི་ཁྱད་གཤིས།

གཅིག པད་ཁའི་སྐྱེ་འཚར་གྱི་གོ་རིམ།

(གཅིག)སྨུ་གུ་འབུས་ནས་ལྟང་པ་ཐོན་པའི་དུས།

པད་ཁའི་ས་བོན་ལ་མངོན་གསལ་གྱི་དགུན་ཉལ་དུས་སྐབས་མི་ལྡན། སྨུ་གུ་འབུས་པར་ས་རྒྱུའི་བརླན་གཤེར་ཚད་ནི་ཞིང་ཁའི་ཆེས་ཆེ་བའི་བརླན་འཛིན་ཚད་ཀྱི 60%~70%ཙམ་འཚམ་པ་ཡིན། ས་བོན་གྱིས་རང་ལུས་ལྗིད་ཚད་ཀྱི 60% ཡས་མས་ཀྱི་བརླན་གཤེར་བསྡུ་ལེན་བྱེད་པ་ཡིན། པད་ཁའི་ས་བོན་གྱིས་ཆུ་འཇིབ་ནས་ཆེར་སྐྱོས་རྗེས་སྐྱེ་རྩས་སྟོན་ལ་སོན་ཕྲུགས་བཏོལ་ཏེ་སྟེང་དུ་བསྐྱེད་པར་བྱེད་ཅིང་ལྟང་པ་ས་ཁ་ནས་དྲང་མོར་ལངས་པ་ཡིན། སྐྱེ་རྟེན་ལོ་མ་གཉིས་ཁ་ཕྱེས་ཏེ་སེར་སྐྱ་ནས་ལྗང་ཁུ་རུ་འགྱུར་བ་ཡིན་ལ། དེར་སྨུ་གུ་ཐོན་པ་ཟེར། ཆུ་དང་ས་རྒྱུ་ཕུད་པའི་ཐག་གཅོད་ཀྱི་ཆ་རྐྱེན་ལ་དྲོད་ཚད་ཡོད་པ་ཡིན། སྨུ་གུ་འབུས་ནས་ལྟང་པ་ཐོན་པའི་ཉིན་གྲངས་ནི་དྲོད་ཚད་ཀྱི་འགྱུར་ལྡོག་དང་བསྟུན་ནས་མི་འདྲ་བ་ཡིན། སྤྱིར་བཏང་ཉིན་རེའི་ཆ་སྙོམས་དྲོད་ཚད 3℃ཡས་མས་སུ་སྨུ་གུ་འབུས་འགོ་ཚུགས་ཐུབ་ཅིང་། ཉིན 20ཡི་རྗེས་སུ་ལྟང་པ་ཐོན་པ་ཡིན། 7~8℃ཀྱི་སྐབས་ཉིན 10ཡན་དགོས་པ་ཡིན་ལ། 12℃ཡས་མས་སྐབས་ཉིན 7~8 དགོས་པ་དང་། 16~20℃ཡི་སྐབས་ཉིན 3~5ཙམ་ལས་མི་དགོས།

(གཉིས)སྨུ་གུའི་དུས།

པད་ཁ་སྨུ་གུ་ཐོན་པ་ནས་ཐེའུ་བར་གྱི་དུས་ཚོད་ལ་སྨུ་གུའི་དུས་ཟེར། དགུན་འདེབས་པད་ཁ་པད་ལོག་དབྱིབས་ཀྱི་བར་སླེབ་ས་བོན་གྱི་སྨུ་གུའི་དུས་ནི

ཉིན 120ཡས་མས་ཡིན་ཏེ་ཕལ་ཆེར་ཡོངས་སུ་སྐྱེ་འཚར་བྱུང་བའི་དུས་ཡུན་གྱི་བྱེད་ཀའམ་བྱེད་ཀ་ཡན་ཡིན་ལ། སྐྱེ་འཚར་དུས་ཡུན་རིང་བའི་ས་བོན་ནི་ཉིན 130 ~140ལ་བསླེབ་པ་ཡིན། སྤྱིར་བཏང་ལྷོང་པ་ཐོན་པ་ནས་མེ་ཏོག་གི་སྦུ་གུ་གྱིས་འགོ་ཚུགས་པའི་བར་ལ་སྦུ་གུའི་དུས་སྟོད་ཟེར་ཞིང་། མེ་ཏོག་གི་སྦུ་གུ་གྱིས་འགོ་ཚུགས་པ་ནས་ཐེའུ་ཡི་བར་ལ་སྦུ་གུའི་དུས་སྨད་ཟེར་བ་ཡིན། སྦུ་གུའི་དུས་སྟོད་དུ་གཙོ་བོར་རྩ་ལག་དང་བསྐྱམས་སྡོང་། ལོ་མ་སོགས་འཚོ་བཅུད་དབང་པོ་སྐྱེ་འཚར་འབྱུང་བ་སྟེ། འཚོ་བཅུད་ཀྱི་སྐྱེ་འཚར་དུས་ཡིན་པ་རེད། སྦུ་གུའི་དུས་སྨད་དུ་འཚོ་བཅུད་སྐྱེ་འཚར་གྱིས་སྔར་བཞིན་ཧྲོས་མེད་ཀྱི་གནས་བབ་ལེགས་པོ་བཟུང་ཡོད་དེ་གཞུང་རྩད་ཆེར་རྒྱས་པ་མ་ཟད། མེ་ཏོག་གི་སྦུ་གུ་གྱིས་འགོ་ཚུགས་པར་བྱེད། སྦུ་གུའི་དུས་ཀྱི་འཚམ་པའི་དྲོད་ཚད་ནི 10 ~20℃ཡིན། དྲོད་ཚད་མཐོན་པོའི་འོག་ཏུ་སྐྱེ་ཞིང་གྱིས་པ་མགྱོགས། དཔྱིད་འདེབས་པད་ཁའི་སྦུ་གུའི་དུས་ཐུང་བ་ཡིན་ཏེ། སྤྱིར་བཏང་ཟླ 1ཡས་མས་ཡིན།

(གསུམ)ཐེའུ་ལ་མེ་ཏོག་འཛུམ་པའི་དུས།

པད་ཁའི་སྦུ་གུ་ནི་དཔྱིད་དུས་ཀྱི་དྲོད་ཚད་རིམ་བཞིན་ཡར་འཕགས་པ་དང་བསྟུན་ནས་གཞུང་རྐང་གི་སྐྱེ་འཚར་གནས་འབིག་གི་མེ་ཏོག་གི་སྦུ་གུ་ཁ་གྱེས་པ་ཇེ་མགྱོགས་སུ་འགྲོ་ཞིང་། གནམ་གཤིས་དྲོད་ཚད 10℃ལ་འཕར་སྐབས། ལྟེ་སྙིང་གི་ལོ་མར་མངོན་གསལ་དོད་པའི་ལྷུང་མདོག་གི་ཐེའུ་མངོན་པ་ན་དེ་ནི་མེ་ཏོག་གི་ཐེའུ་བྱུང་བ་རེད། ཐེའུ་བྱུང་བ་ནས་མེ་ཏོག་བཞད་པའི་བར་ནི་ཐེའུ་ལ་མེ་ཏོག་བཞད་པའི་དུས་ཡིན། དུས་སྐབས་འདིར་འཚོ་བཅུད་སྐྱེ་འཚར་ནས་འཚོ་བཅུད་སྐྱེ་འཚར་དང་སྐྱེ་འཕེལ་སྐྱེ་འཚར་གཉིས་དར་གྱི་དུས་རིམ་དུ་བསྒྱུར་བ་ཡིན་ཞིང་། ཆུ་ལུད་ཀྱི་དགོས་མཁོ་ནི་ཁ་ཚ་དགོས་གཏུགས་སུ་གྱུར་ཡོད་ལ། པད་ཁའི་ཆུ་མཁོ་བའི་འགྱུར་མཚམས་ཀྱི་དུས་ཡིན་པ་རེད། ཐེའུ་ལ་མེ་ཏོག་

འཇུམ་པའི་དུས་སྐབས་སུ་པད་ཁའི་མེ་ཏོག་གི་བང་རིམ་གཙོ་བོའི་རིང་ཐུང་དང་ཐེངས་གཅིག་ལ་ཡལ་ག་གྱེས་པ་དང་ཐེངས་གཉིས་པར་ཡལ་ག་གྱེས་པའི་གྲངས་ཚད། མེ་ཏོག་སྦྲུམ་པའི་གྲངས་ཀ་བཅས་གཏན་ཁེལ་བྱེད་ཅིང་ཐོན་ལེགས་སྒྲིམ་སྒྲུག་པའི་གནད་འགག་གི་དུས་སྐབས་ཡིན་པས། ཐེའུ་འཕེལ་ཞིང་གཏན་འཇགས་ངང་སྐྱེ་བ། ཡལ་ག་མང་བ། སྡོང་རྐང་རྒྱས་པ་བཅས་ཀྱི་བླང་བྱར་བསླེབ་པ་བྱ་དགོས། དགུན་འདེབས་པད་ཁ་ནི་སྤྱིར་བཏང་དཔྱིད་འགོ་ཚེས་རྗེས་གནམ་གཤིས་དྲོད་ཚད་5℃ཡན་གྱི་སྐབས་ཐེའུ་འབྱུང་བ་ཡིན། 10℃ཡན་གྱི་སྐབས་མགྱོགས་མྱུར་སྡོང་ཡུ་རྒྱས་པ་ཡིན། མེ་ཏོག་བང་རིམ་དང་ཐེའུ་ཁ་གྱེས་པའི་དུས་ཡུན་རིང་བ་སྟེ་སྤྱིར་བཏང་ཉིན་30ཡས་མས་ཡིན། དགུན་འདེབས་པད་ཁའི་ཐེའུ་ལ་མེ་ཏོག་འཇུམ་པའི་དུས་ནི་སྤྱིར་བཏང་ཟླ་2པའི་ཟླ་དཀྱིལ་ནས་ཟླ་3པའི་ཟླ་དཀྱིལ་བར་ཡིན་ཞིང་། པད་ཁའི་ཚེ་གང་གི་སྐྱེ་འཚར་ཆེས་མགྱོགས་པའི་དུས་སྐབས་ཡིན། དུས་སྐབས་འདིར་འཚོ་བཅུད་སྐྱེ་འཚར་དང་སྐྱེ་འཕེལ་སྐྱེ་འཚར་མཉམ་འཕེལ་བྱེད་པ་ཡིན། འོན་ཀྱང་སྔར་བཞིན་འཚོ་བཅུད་སྐྱེ་འཚར་གཙོ་བོ་ཡིན་ཞིང་། སྐྱེ་འཕེལ་སྐྱེ་འཚར་ནི་ཞན་པ་ནས་དྲག་པོར་འགྱུར་བ་ཡིན། མངོན་སྣང་ནི་གཞུང་རྐང་རྒྱས་ཤིང་ཇེ་སྦོམ་དུ་འགྲོ་བ་དང་། ལོ་མའི་རྒྱ་ཁྱོན་མྱུར་དུ་ཆེར་བསྐྱེད་པ་ཡིན་ལ། ཐེའུ་ལ་མེ་ཏོག་འཇུམ་པའི་དུས་སྨད་དུ་ཐེངས་དང་པོའི་ཡལ་ག་གྱེས་པ་དང་། རྩ་ལག་མུ་མཐུད་རྒྱ་བསྐྱེད་ཅིང་གསོན་ནུས་ཇེ་ཆེར་འགྲོ་བ་ཡིན། མེ་ཏོག་གི་ཐེའུ་འཚར་སྐྱེ་འབྱུང་བ་ཇེ་མགྱོགས་སུ་འགྲོ་ཞིང་མེ་ཏོག་གི་སྦུ་གུའི་གྲངས་ཀ་མགྱོགས་མྱུར་མང་དུ་ཕྱིན་ཏེ་མེ་ཏོག་ཐོག་མར་བཞད་པའི་དུས་སྐབས་ལ་གྲངས་ཐང་ཆེ་ཤོས་སུ་བསླེབ་པ་ཡིན། དཔྱིད་འདེབས་པད་ཁའི་དུས་ཚོད་ཐུང་ཐུང་བ་ཡིན་ཏེ་སྤྱིར་བཏང་ཉིན་15ཡས་མས་ཙམ་དང་། ཐ་ན་དེ་ལས་ཐུང་བ་ཡིན།

(བཞི)མེ་ཏོག་བཞད་པའི་དུས།

པད་ཁ་མེ་ཏོག་ཐོག་མར་བཞད་པ་ནས་མེ་ཏོག་མཇུག་རྫོགས་པའི་བར་གྱི་དུས་ཚོད་ལ་མེ་ཏོག་བཞད་པའི་དུས་ཟེར་བ་ཡིན་ཏེ། སྤྱིར་བཏང་ཉིན 20 ~30 ཡིན། མེ་ཏོག་བཞད་པའི་དུས་གཞུང་ཐང་གི་ལོ་མ་ཆ་ཚང་བར་སྐྱེས་ཏེ་ལོ་མའི་གྲངས་ཀ་ཆེས་མང་བ་དང་། ལོ་མའི་རྒྱ་ཁྱོན་ཆེས་ཆེ་བའི་ཚད་ལ་བསླེབས་ཡོད། མེ་ཏོག་རབ་ཏུ་བཞད་པའི་དུས་ལ་བསླེབས་སྐབས་རྩ་བ་དང་གཞུང་རྟ། ལོ་མ་བཅས་ཀྱི་སྐྱེ་འཚར་ཕལ་ཆེར་མཚམས་བཞག་སྟེ། སྐྱེ་འཕེལ་སྐྱེ་འཚར་གཙོ་ཁྲིད་ཀྱི་གོ་གནས་སུ་སྤར་བ་མ་ཟད་རིམ་གྱིས་སྟོབས་མེད་ཀྱི་གནས་བབ་འཛིན་པ་ཡིན། མངོན་རྟགས་ནི་མེ་ཏོག་གི་བང་རིམ་སྔ་མཐུད་ཆེར་བསྐྱེད་ཅིང་ཕྱོགས་གཅིག་ནས་མེ་ཏོག་བཞད་པ་དང་ཕྱོགས་གཅིག་ནས་ནས་རྣ་འབྲས་འདོགས་པར་བྱེད་པ་ཡིན། དེར་བརྟེན་དུས་སྐབས་འདི་ནི་རྣ་འབྲས་ཀྱི་གྲངས་ཀ་དང་རྣ་འབྲས་རེའི་ནང་གི་འབྲུ་རྡོག་གི་གྲངས་ཀ་གཏན་ཁེལ་བྱེད་པའི་དུས་སྐབས་གལ་ཆེན་ཡིན་པ་རེད། མེ་ཏོག་བཞད་པའི་དུས་ལ 12~20℃ཡི་དྲོད་ཚད་དགོས་པ་ཡིན། ཆེས་འཚམ་པའི་དྲོད་ཚད་ནི 14~18℃ཡིན་ལ། གནམ་གཤིས་དྲོད་གྲང 10℃ཡི་མན་ཡིན་ཚེ་མེ་ཏོག་བཞད་པའི་གྲངས་ཀ་མངོན་གསལ་གྱིས་ཇེ་ཉུང་དུ་འགྲོ་བ་ཡིན། གནམ་གཤིས་དྲོད་གྲང 5℃ཡི་མན་ཡིན་ན་མེ་ཏོག་མི་བཞད་པ་མ་ཟད་མེ་ཏོག་གི་ཆ་ལག་ལྷུང་བ་དང་། དུས་བགོས་མཚམས་བགོས་ཀྱིས་འབྲས་བུ་ཐོགས་པའི་སྣང་ཚུལ་འབྱུང་བ་ཡིན། གལ་ཏེ་གནམ་གཤིས་དྲོད་ཚད 30℃ལས་མཐོ་བའི་སྐབས་མེ་ཏོག་བཞད་སྲིད་ནའང་འབྲས་བུ་ཐོགས་པ་མི་ལེགས་པ་ཡིན། མེ་ཏོག་གི་དུས་སུ་ཆར་ཆུ་བབས་ཚེ་མེ་ཏོག་བཞད་དེ་འབྲས་བུ་འདོགས་པར་མངོན་གསལ་གྱིས་ཤུགས་རྐྱེན་བཟོ་བ་ཡིན། (རི་མོ 3–1ལ་ལྟོས)

རི་མོ 3–1 པད་སོག་དབྱིབས་ཀྱི་པད་ཁའི་མེ་ཏོག་རབ་ཏུ་བཞད་པའི་དུས།

(༤) རྣ་འབྲས་འཚར་སྐྱེ་དང་སྨིན་པའི་དུས།

མེ་ཏོག་མཇུག་རྫོགས་པ་ནས་སྨིན་པའི་བར་སྐབས་དེར་རྣ་འབྲས་འཚར་སྐྱེ་དང་སྨིན་པའི་དུས་ཟེར་བ་དང་། སྤྱིར་བཏང་ཉིན 30ཡས་མས་ཡིན། སྐབས་འདི་ལ་སོ་མ་རིམ་བཞིན་ཉམས་ཏེ་འོད་སྦྱོར་དབང་པོ་ནི་རིམ་གྱིས་རྣ་འབྲས་ཀྱིས་ཚབ་བྱེད་པ་ཡིན། རྣ་འབྲས་དང་ས་བོན་འགྲུབ་པར་བྱེད་པའི་འོས་འཚམ་གྱི་དྲོད་ཚད་ནི 20℃ཡིན། དྲོད་ཚད་དམའ་ན་སྨིན་པ་དལ་བ་ཡིན། ཉིན་རེའི་ཆ་སྙོམས་ཀྱི་གནམ་གཤིས་དྲོད་ཚད 15℃ཡི་མན་ཡིན་སྐབས་འཕྱི་བར་སྨིན་པའི་ས་བོན་རྒྱུན་ལྡན་ངང་སྨིན་མི་ཐུབ་པ་ཡིན། དྲོད་ཚད་མཐོ་དྲགས་ན་བཙན་སྨིན་གྱི་སྣང་ཚུལ་བཟོ་སླ་བ་དང་ས་བོན་འབྲུ་རྫོགས་སྟོང་རེའི་ལྗིད་ཚད་མི་མཐོ་ལ། སྣུམ་འདུས་ཚད་ཇེ་དམའ་རུ་འགྲོ་བ་ཡིན། གལ་ཏེ་ཉིན་མཚན་གྱི་དྲོད་གྲང་ཧེ་བག་ཆེ་བ་དང་ཉི་འོད་ཐོག་པ་འདང་ངེས་ཡིན་སྐབས་པད་ཁའི་ཐོན་ཚད་དང་སྣུམ་འདུས་ཚད་མཐོར་འདེགས་ཡོང་བར་ཕན་པ་ཡིན། གལ་ཏེ་ཞིང་ནང་དུ་ཆུ་གསོག་ཐེབས་པའམ་སྐམ་དྲགས་ཚེ་སྔ་མོ་ནས་རྒས་པར་འགྱུར་སླ་ལ་པད་ཁའི་ཐོན་ཚད་དང་སྣུམ་འདུས་ཚད་ཇེ་དམའ་རུ་འགྲོ་བ་ཡིན། པད་ཁ་སྨིན་པའི་གོ་རིམ་དེ་ས་བོན་གྱི་སྨིན་ཚད་ལྟར་ལྗང་སྨིན་དང་སེར་སྨིན། ཡོངས་སྨིན་བཅས་དུས་སྐབས་གསུམ་དུ་དབྱེ་ཆོག་པ་ཡིན། ལྗང་སྨིན་དུས་ཀྱི་མངོན་རྟགས་ནི་མེ་ཏོག་བང་རིམ

གཙོ་བོའི་རྩ་བའི་རྣ་འབྲས་ལྗང་མདོག་ནས་ལྗང་སེར་དུ་འགྱུར་འགོ་ཚུགས་ཤིང་། ས་བོན་ཐལ་སྐྱ་ནས་ལྗང་མདོག་ཏུ་འགྱུར་བ་ཡིན། སེར་སྨིན་དུས་ཀྱི་མཚོན་རྟགས་ནི་མེ་ཏོག་བང་རིམ་གཙོ་བོའི་རྣ་འབྲས་ཁམ་མདོག་ཏུ་མཚོན་ཞིང་། སྨད་ཆའི་རྣ་འབྲས་ཀྱི་སོན་ཕྲགས་ལྗང་སེར་ནས་ས་བོན་ལ་མ་གཞི་ནས་ཡོད་པའི་ཚོས་མདངས་སུ་གྱུར་པ་དང་། འབྲུ་རྡོག་རྒྱགས་པ། དཀྱིལ་དང་སྟོད་ཆའི་ཡལ་གའི་རྣ་འབྲས་ལྗང་སེར་དུ་མཚོན་པ་ཡིན། སྡོང་རྐང་ཧྲིལ་པོ་དང་ཞིང་ཁ་ཡོངས་ཀྱི 70%~80% ཡི་རྣ་འབྲས་སེར་པོར་གྱུར་དུས་སྟུད་ཚོག་པ་ཡིན། (རི་མོ 3–2)

རི་མོ 3–2 པད་ཁའི་རྣ་འབྲས་དུས་སྐབས།

དཔྱིད་འདེབས་པད་ཁའི་སྐྱེ་འཚར་དུས་ཡུན་ཉིན 80~100ཡིན་ཏེ། གཙོ་བོའི་མཚོན་རྟགས་ནི་ལྗང་པ་ཐོན་པ་ནས་མེ་ཏོག་ཐོག་མར་བཞད་པའི་འཚོ་བཅུད་སྐྱེ་འཚར་གྱི་དུས་ཡུན་ཐུང་ཞིང་། མེ་ཏོག་བཞད་པའི་དུས་དང་རྣ་འབྲས་འཚར་ལོངས་འབྱུང་བའི་དུས་ཚོད་རིང་བ་ཡིན། འོན་ཀྱང་ས་བོན་དབར་གྱི་ཁྱད་པར་ཆུང་ཆེ་བ་ཡིན། ལྗང་པ་ཐོན་པ་ནས་མེ་ཏོག་གི་གདོང་མའི་གཟུགས་ཁ་གྲོལ་འགོ་ཚུགས་པར་ཉིན 10ཡས་མས་ཙམ་ལས་མི་དགོས་མོད། ལྗང་པ་ཐོན་པ་ནས་ཐེའུ་ཡི་བར་ལ་ཉིན 20ཡས་མས་བརྒྱུད་དགོས་པ་ཡིན། མེ་ཏོག་བཞད་པ་ནས་སྨིན་པའི་བར་ལ་དགོས་པའི་དུས་ཚོད་དེ་དགུན་འདེབས་པད་ཁ་དང་ཐལ་ཆེར

འདྲ་བ་ཡིན། དཔྱིད་འདེབས་པད་ཁའི་སྐྱེ་འཕེལ་སྐྱེ་འཚར་དུས་ནི་སྟོས་བཅས་ཀྱིས་ཙུང་རིང་བ་དང་ཉིན་མཚན་གྱི་དྲོད་གྲང་ཁྱད་པར་ཆེ་བས་ས་བོན་འཚར་ལོངས་འབྱུང་བར་ཕན་པ་ཡིན། ཇི་ལྟར་སྟུ་གུའི་དུས་ཀྱི་འཚོ་བཅུད་སྐྱེ་འཚར་སྟོབས་དང་ལྡན་པར་བྱེད་ཅིང་། ཡང་དུས་སྨད་ཀྱི་སྐྱེ་འཚར་རབ་ཏུ་འཕེལ་བ་ལ་སྐུལ་འདེད་བྱེད་རྒྱུ་ནི་དཔྱིད་འདེབས་པད་ཁའི་ཐོན་ཚད་མཐོ་ཞིང་ཐོན་ཚད་གཏན་འཇགས་ཡོང་བའི་འགག་རྩའི་གནད་དོན་ཡིན་པ་རེད།

གཉིས། པད་ཁའི་དབང་པོ་གྲུབ་སྟངས།

(གཅིག)ཙད་པ།

པད་ཁ་ནི་ཙ་སྟོང་ཅན་གྱི་ཙ་ལག་ཡིན་ཞིང་། གཞུང་ཙད་དང་གཞོགས་ཙད། ཙད་སྤུ་བཅས་ཀྱིས་གྲུབ་པ་ཡིན། པད་ཁའི་ཙ་ལག་གི་གཞུང་ཙད་ཁྱབ་པ་ཙུང་གཏིང་ཟབ་པ་ཡིན། སྤྱིར་བཏང་སོ་འདེབས་ས་རིམ་གྱི་ལི་སྨིད 30~50 ལ་བསླེབས་ཤིང་གཏིང་སོ་བྱས་པའམ་ཐན་སྐམ་གྱི་དུས་སུ་ལི་སྨིད 100~300 ཡན་ལ་བསླེབ་ཐུབ། ཙད་པའི་ཡལ་ག་རབ་ཏུ་རྒྱས་ཤིང་ས་ཞུན་འོག་གི་ལི་སྨིད 20~30 ཡི་ནང་དུ་གཅིག་འདུས་བྱས་ཡོད། སྐྱེ་འཚར་གྱི་དུས་སྨད་དུ་ཙ་ལག་གི་ཆུ་ངོས་སྟོམས་ལྟར་གྱི་ཁྱབ་རྒྱ་ལི་སྨིད 40~50 ཡོད་པ་ཡིན། དགུན་འདེབས་པད་ཁའི་ལྗང་པ་ཐོན་པ་ནས་དགུན་བཀལ་དུས་སྐབས་སུ་ཙ་ལག་དྲང་འཕྱང་དུ་སྐྱེ་འཚར་འབྱུང་བ་ཆུ་ངོས་སྟོམས་ཕྱོགས་སུ་སྐྱེས་པ་ལས་མགྱོགས་ཤིང་དེར་ཙ་བ་ཟུག་པའི་དུས་ཟེར། སླར་སྐྱེ་ནས་མེ་ཏོག་རབ་ཏུ་བཞད་པའི་བར་ནི་ཙ་བ་བསྐྱེད་པའི་དུས་ཡིན་པ་དང་། མེ་ཏོག་རབ་ཏུ་བཞད་པ་ནས་སྨིན་པའི་དུས་བར་ནི་ཙ་ལག་རྒས་པའི་དུས་ཡིན། ཙ་བ་བསྐྱེད་པའི་དུས་ཀྱི་ཙ་ལག་གི་སྐྱེ་འཚར་ལྷག་ཏུ་མགྱོགས་ཤིང་ལྷག་པར་དུ་སྟོང་ཡུ་ཐོན་པའི་དུས་སྐབས་ཀྱི་སྐྱེ་འཚར་ཆེས་མགྱོགས་པ་ཡིན། མེ་ཏོག་བཞད་པའི་དུས་ནི་ཙད་པའི་ལྗིད་ཚད་ཆེས་ཆེ་བའི་དུས་ཡིན་ཏེ་སྟོང་ཁང་

རྒྱང་པ་རེའི་རྩད་པའི་ལྡིད་ཚད་ཁེ 5.10ལ་བསླེབ་པ་ཡིན།

(གཉིས)སྟོང་རྐང་དང་ཡལ་ག

1.གཞུང་རྐང་། དྲང་མོར་ལངས་པའི་སྟོང་ཡུ་ཡིན་ཞིང་སྟོང་རྐང་སྟེང་ཚིགས་བར 30ཡས་མས་ཀྱི་ཡོད་པ་ཡིན་ལ། སྟོང་ཡུ་སྲ་ཞིང་མཉེན་ཆ་ལྡན་པ་དང་སྟོང་རྐང་ཆེ་བར་ཤིང་རྒྱུ་ཅན་དྲག་པོ་ལྡན་པ་ཡིན། གཞུང་རྐང་ལི་སྨིད 100~200ཙམ་སྐྱེ་བ་ཡིན། སྟོང་རྐང་གི་མདོག་ལྗང་ཁུ་དང་ཙུང་སྨུག་པོ། སྨུག་ནག་བཅས་ཡོད་ཅིང་ཕྱི་ངོས་སུ་ཕྲ་ཚིལ་གྱི་ཕྱེ་མས་གཡོགས་པ་ཡིན།

འདེབས་གསོ་སྟེང་ནས་རྒྱུན་པར་སྐྱེ་རྟེན་ལོ་མའི་ཚིགས་ཀྱི་མན་ཆད་ཀྱི་སྟོང་ཕྲན་ཕྲིལ་པོར་རྩད་པའི་གཞུང་རྩ་ཟེར། ཡིན་ནའང་སྐྱེ་དངོས་རིག་པའི་སྟེང་ནས་རྩད་པ་དང་སྟོང་ཕྲན་འབྲེལ་མཚམས་ཀྱི་སྟོང་ཕྲན་དུམ་བུ་དེར་རྩད་པའི་གཞུང་རྩ་ཟེར་བ་ཡིན། ས྄ྱ་གུའི་སྐྱེ་འཚར་དང་བསྟུན་ནས་རྩད་པའི་གཞུང་རྩ་ས་མཐུད་ངེ་སྲོམ་དུ་འགྲོ་ཞིང་ཕྱི་ཕྱོགས་སུ་ཡས་ཐོན་རྩ་བ་བྱུང་སྟེ་རྩ་ལག་རྒྱ་བསྐྱེད་པར་བྱེད་པ་ཡིན། རྩད་པའི་གཞུང་རྩ་ཡང་པད་ཁའི་དགུན་དུས་གསོ་བཙུད་གསོག་ཉར་གྱི་དབང་པོ་ཡིན། པད་ཁའི་ཐེའུ་ཡི་དུས་དང་ཐེའུ་ཡི་རྗེས་སུ་གཞུང་རྐང་གི་ཚིགས་བར་ཆེ་རུ་བསྐྱེད་པ(སྟོང་ཡུ་ཐོན་པ་ཟེར)དང་། གཞུང་རྐང་གི་མཐོ་ཚད་ལི་སྨིད 10ལ་བསླེབས་སྐབས་སྟོང་ཡུ་ཐོན་པའི་དུས་ལ་བསླེབས་པ་ཡིན། མེ་ཏོག་གི་བང་རིམ་གཙོ་བོ་ཆེར་བསྐྱེད་པ་མཚམས་བཞག་པའི་རྗེས་སུ། སྟོང་རྐང་གི་མཐོ་ཚད་ནི་ད་གཟོད་མཇུག་མཐའི་རྣམ་པ་གཏན་ཁེལ་འབྱུང་བ་ཡིན།

པད་ལོག་དབྱིབས་ཀྱི་པད་ཁ་ལ་སྟོང་རྐང་དུམ་བུ་གསུམ་དུ་དབྱེ་ཆོག་པ་ཡིན། ①བསྐུམས་སྟོང་དུམ་བུ། དེ་ནི་གཞུང་རྐང་གི་རྩ་བར་ཡོད། ཚིགས་བར་ཐུང་ཞིང་གཅིག་འདུས་སུ་ཡོད་ལ། ཚིགས་ཀྱི་སྟེང་དུ་ཡུ་རིང་ལོ་མ་སྐྱེས་ཡོད། ②ཆེར་བསྐྱེད་སྟོང་རྐང་དུམ་བུ། གཞུང་རྐང་གི་དཀྱིལ་དུ་ཡོད་ཅིང་ཚིགས་བར

ནི་གཤམ་ནས་སྟེང་དུ་རིམ་བཞིན་ཇེ་རིང་དང་། ཟུར་མང་དབྱིབས་རིམ་བཞིན་མངོན་གསལ་དུ་སོང་ལ། ཚིགས་ཀྱི་སྟེང་དུ་ཡུ་ཐུང་ལོ་མ་སྐྱེས་ཡོད། ③སྡོང་ཡུ་དུམ་བུ། གཞུང་རྐང་གི་སྟེང་ཕྱོགས་སུ་ཡོད། ཚིགས་བར་ནི་གཤམ་ནས་སྟེང་དུ་རིམ་གྱིས་ཐུང་དུ་བསྐུམས་ཤིང་ཟུར་མང་དབྱིབས་ནི་ལྷག་ཏུ་མངོན་པར་གསལ། ཚིགས་ཀྱི་སྟེང་དུ་ཡུ་བ་མེད་པའི་ལོ་མ་སྐྱེས་ཡོད།

2.ཡལ་ག　པད་ཁའི་ལོ་མའི་མཚན་ཁུང་གི་མྱུ་གུ་དེ་ཆ་རྐྱེན་འོས་འཚམ་གྱི་སྐབས་སུ་སྐྱེས་ནས་ཡལ་ག་དང་པོ་དང་ཡལ་ག་གཉིས་པ། ཡལ་ག་གསུམ་པ་སོགས་མང་གྱིས་ཡལ་ག་རུ་འགྲུབ་ཐུབ་པ་ཡིན། པད་ཁའི་ཡལ་ག་གྱིས་པའི་ནུས་པ་ཤིན་ཏུ་དྲག་པོ་ཡིན། རྟག་པར་དཔྱིད་བཀལ་རྗེས་གྲུབ་པའི་སྟེང་ཕྱོགས་ཀྱི་མཚན་ཁུང་མྱུ་གུ་དེ་སྐྱེས་ཏེ་ནུས་ལྡན་གྱི་ཡལ་གར་འགྱུར་ཐུབ་པ་ཡིན།

(གསུམ)ལོ་མའི་རིགས་དབྱེ།

པད་ཁའི་ལྡང་པ་ཐོན་སྐབས་མཁལ་མའི་དབྱིབས་ཅན་གྱི་སྐྱེ་རྟེན་ལོ་མ་གཉིས་ཡོད་པ་ཡིན། ལྡང་པ་ཐོན་རྗེས་ཀྱི་ཉིན 3～5ལ་ལོ་མ་དངོས་དང་པོ་འབྱུང་བ་ཡིན། ལོ་མ་དངོས་ནི་ཆ་མི་ཚང་བའི་ལོ་མ་ཡིན་ལ། འཇོང་དབྱིབས་དང་སྙིང་དབྱིབས། གེམ་དབྱིབས། མེ་ཏོག་གི་འདབ་མའི་དབྱིབས། ཁབ་དབྱིབས་སོགས་ཡོད་པ་ཡིན། རྒྱུན་ལྡན་གྱི་སྟོན་འདེབས་ཆ་རྐྱེན་འོག་གཞུང་རྐང་གི་ལོ་མ་དངོས་ཀྱི་གྲངས་ཀ་ནི། པད་ལོག་དབྱིབས་ཀྱི་འཕྱི་སྨིན་ས་བོན་ལ་ལོ་མ 35～40 དང་། བར་སྨིན་གྱི་ས་བོན་ལ 25～30ཡོད། སྔ་སྨིན་གྱི་ས་བོན་ལ 15～20ཡོད་པ་ཡིན། གཞུང་རྐང་གི་ལོ་མའི་གྲངས་ཀ་དེ་སྡོང་རྐང་གི་ཡལ་གའི་གྲངས་ཀ་དང་པད་ཁའི་ཐོན་ཚད་ལ་འབྲེལ་བ་དམ་ཟབ་ཡོད་པ་ཡིན། མེ་ཏོག་གི་མྱུ་གུ་གྱིས་འགོ་མ་བཙམས་སྔོན་ལ་གཞུང་རྐང་གི་ལོ་མ་མང་དུ་གྱིས་པར་བརྟེན་ལེན་བྱས་ཚེ་ཡལ་ག་གྱིས་པའི་གྲངས་ཀ་ཡང་ཉུང་མང་བ་ཡིན།

པད་ལོག་དབྱིབས་ཀྱི་པད་ཁའི་གཞུང་ཤང་སྟེང་གི་ལོ་མ་ནི་ལོ་མའི་དབྱིབས་གཞིར་བཟུང་སྟེ་ཚོ་སྐོར་གསུམ་དུ་དབྱེ་ཆོག་པ་སྟེ། ཡུ་རིང་ལོ་མ་ནི་བསྐུམས་སྡོང་དུམ་བུའི་སྟེང་སྐྱེས་ཤིང་མདོག་གསལ་ལྡན་པའི་ལོ་མའི་ཡུ་བ་ཡོད་ལ། ལོ་མའི་ཡུ་བ་ཡི་རྩ་བའི་གཞོགས་གཉིས་སུ་ལོ་གཤོག་མེད། ཡུ་ཐུང་ལོ་མ་ནི་ཆེར་བསྐྱེད་སྡོང་ཤང་དུམ་བུའི་སྟེང་སྐྱེས་ཡོད་དེ། ལོ་མ་ཅུང་ཐུང་བའམ་ཡུ་བ་མེད་པ་དང་མདོག་གསལ་གྱི་ལོ་གཤོག་ལྡན་པ་ཡིན། ཡུ་བ་མེད་པའི་ལོ་མ་ནི་སྡོང་ཡུ་དུམ་བུའི་སྟེང་སྐྱེས་ཡོད། ཡུ་བ་མེད་ཅིང་ལོ་མའི་རྩ་བའི་གཞོགས་གཉིས་ཐུར་དུ་བརྒྱངས་ཏེ་རྣ་གཤོག་གི་དབྱིབས་སུ་གྲུབ་པ་དང་། སྡོང་ཤང་གི་ཕྱེད་བཏུམས་ཡོད།

ཡུ་རིང་ལོ་མའི་གྲངས་ཀས་གཞུང་ཤང་གི་ལོ་མ་སྤྱིའི་གྲངས་ཀའི་ 1/2 ཟིན་པ་དང་། ཡུ་ཐུང་ལོ་མ་དང་ཡུ་བ་མེད་པའི་ལོ་མ་སོ་སོས་ཕལ་ཆེར 1/4རེ་ཟིན་པ་ཡིན། ཡུ་རིང་ལོ་མ་ནི་རྡོད་ཚོར་དུས་རིམ་དུ་སྐྱེས་ཤིང་། ཡུ་ཐུང་ལོ་མ་བྱུང་སྐབས་རྡོད་ཚོར་དུས་རིམ་བརྒྱུད་ཟིན་པ་རེད།

(བཞི)མེ་ཏོག་བཞད་པ་དང་ཟེའུ་རྫུལ་ཞུགས་པ།

1.མེ་ཏོག་གི་གྲུབ་ཚུལ། པད་ཁ་ནི་ཛོག་དབྱིབས་ཅན་གྱི་མེ་ཏོག་གི་བང་རིམ་ཡིན། མེ་ཏོག་བང་རིམ་གྱི་རྟེན་ཤང་སྟེང་དུ་མེ་ཏོག་རྒྱུད་པ་མང་པོ་སྐྱེས་ཡོད་ཅིང་། ཐུམ་ལོ་དང་འདབ་སྐོགས། འདབ་མ། ཟེའུ་འབྲུ་མོ། ཟེའུ་འབྲུ་ཕོ་བཅས་ཀྱིས་གྲུབ་པ་ཡིན། འདབ་མ་ནི་སེར་སྐྱའམ་སེར་རྒྱུད་ཡིན་ཞིང་མེ་ཏོག་གི་འདབ་མ་བཞི་ཡིས་རྒྱ་གྲམ་དབྱིབས་གྲུབ་ཡོད། འདབ་སྐོགས་བཞི་ཡོད། ཟེའུ་འབྲུ་ཕོ་ 6ཡོད་ཅིང་བཞི་རིང་ལ་གཉིས་ཐུང་བ་སྟེ་སྟོབས་ལྡན་ཕོ་ཟེའུ་བཞི་ཟེར་བ་ཡིན། ཟེའུ་འབྲུ་མོ་གཅིག་ཡོད། མངར་ཐོན་རྨེན་བུ་བཞི་ཡོད་དེ་ཕོ་ཟེའུ་རིང་བ་བཞི་པོའི་ཕྱི་ཕྱོགས་དང་ཕོ་ཟེའུ་ཐུང་བ་གཉིས་པོའི་ནང་ལོགས་སུ་གནས་ཡོད།

2.མེ་ཏོག་བཞད་དེ་ཟེའུ་རྟུལ་ཞུགས་པ། པད་ཁའི་སྡོང་རྐང་རྩིལ་པོའི་མེ་ཏོག་གི་བང་རིམ་གཙོ་བོའི་མེ་ཏོག་ཆེས་ཐོག་མར་བཞད་པ་དང་། དེ་ནས་རིམ་པ་དང་པོའི་ཡལ་ག་དང་རིམ་པ་གཉིས་པའི་ཡལ་ག་སོགས་ཀྱི་མེ་ཏོག་བཞད་པ་ཡིན། ཕྱིར་བཏང་སྟེང་ཕྱོགས་ཀྱི་རིམ་པ་དང་པོའི་ཡལ་ག་ནས་འོག་ཕྱོགས་ཀྱི་རིམ་པ་དང་པོའི་ཡལ་ག་ལྟར་རིམ་པ་བཞིན་མེ་ཏོག་བཞད་པ་དང་། མེ་ཏོག་བང་རིམ་གཅིག་ལ་མཚོན་ན་གཤམ་ནས་སྟེང་ཕྱོགས་སུ་རིམ་བཞིན་མེ་ཏོག་བཞད་པ་ཡིན་ལ། མེ་ཏོག་གཅིག་ལ་མཚོན་ན་ཐོག་མའི་ཉིན་གྱི་ཕྱི་དྲོར་འདབ་སྐོགས་ཀྱི་རྩེ་མོ་ནས་སེར་མདོག་གི་འདབ་མ་ཞིག་མངོན་འོང་ཞིང་། ཕྱི་ཉིན་སྔ་དྲོའི་དུས་ཚོད 8~10ཡི་སྐབས་འདབ་མ་ཡོངས་སུ་རྒྱང་བར་བྱེད་པ་ཡིན། མེ་ཏོག་བཞད་རྗེས་ཀྱི་ཉིན 3ཡས་མས་ལ་འདབ་མ་རྙིད་དེ་ལྷུང་བ་ཡིན། བར་སྨིན་པད་ལོག་དབྱིབས་ཀྱི་ས་བོན་ནི་ཕྱིར་བཏང་ཟླ 3པའི་ཟླ་དཀྱིལ་དང་ཟླ་སྨད་དུ་མེ་ཏོག་ཐོག་མར་བཞད་དེ། ཟླ་བཞི་བའི་ཟླ་སྟོད་དང་ཟླ་དཀྱིལ་དུ་མེ་ཏོག་མཇུག་རྫོགས་པ་ཡིན། སྨིན་པའི་ཟེའུ་རྟུལ་ནི་འབུ་སྲང་ངམ་རླུང་གིས་ཁྱེར་ནས་ཟེའུ་འབྲུའི་ཀ་མགོར་འཕྱར་ཏེ་ཟེའུ་འབྲུ་ཕོ་མོ་སྦྱེལ་སྦྱོར་བྱེད་པ་ཡིན། ཟེའུ་རྟུལ་ནི་ཟེའུ་འབྲུའི་ཀ་མགོར་ལྷུང་རྗེས་ཟེའུ་ཀ་བརྒྱུད་དེ་སྦུམ་སྣོད་ཀྱི་ཕྱོགས་སུ་འགྲོ་ཞིང་དུས་ཚོད 18 ~ 24ནང་ཟེའུ་རྟུལ་ཞུགས་པའི་གོ་རིམ་འགྲུབ་ཚར་བ་ཡིན།

པད་ཁ་ལ་མེ་ཏོག་ཐ་དད་དབར་ཟེའུ་འབྲུ་ཕོ་མོ་སྦྱེལ་སྦྱོར་བྱེད་ཚད་ངེས་ཅན་ཞིག་ལྡན་པ་ཡིན་ལ། དེའི་རྐྱེན་གྱིས་ས་བོན་རིགས་མི་འདྲ་བའམ་མེ་ཏོག་རྒྱ་ཁྲམ་དབྱིབས་ཀྱི་ལོ་ཏོག་རིགས་གཞན་དག་ཉེ་སར་འདེབས་འཛུགས་བྱས་སྐབས“རང་བཞིན་རྒྱུད་འདྲེས”འབྱུང་སླ་བས་སྐྱེ་དངོས་རིག་པའི་ཉོག་འདྲེས་བཟོ་སྲིད་པ་ཡིན།

(ལྔ)འབྲས་བུ་དང་ས་བོན།

1.རྣ་འབྲས་ཀྱི་འཚར་སྐྱེ། པད་ཁའི་འབྲས་བུ་ནི་སྨོར་མདོང་དབྱིབས་ཀྱི་རྣ་འབྲས་རིང་པོ་ཡིན། འབྲས་བུའི་ཕྱིའི་གཟུགས་ནི་འབྲས་བུའི་འདབ་སྐོགས་རིགས་གཉིས་ཀྱིས་གྲུབ་པ་སྟེ། རིགས་གཅིག་ནི་དོག་རིང་གྲུ་གཟིངས་གཟུགས་ཀྱི་སྐོགས་དབྱིབས་ཀྱི་འབྲས་བུའི་འདབ་སྐོགས་གཉིས་ཡིན་ཞིང་། རྒྱབ་ངོས་སུ་མངོན་པར་གསལ་བའི་རྩ་རིས་ཡོད། རིགས་གཞན་གཅིག་ནི་དོག་ཅིང་ཕྲ་བ་སྐྱུད་པའི་དབྱིབས་དང་མཚུངས་པའི་སྐྱུད་དབྱིབས་ཀྱི་འབྲས་བུའི་འདབ་སྐོགས་ཡིན། སྐྱུད་དབྱིབས་ཀྱི་འབྲས་བུའི་འདབ་སྐོགས་ཀྱི་ནང་ལོགས་ནི་གཞོགས་སྐྱེའི་འབྲས་གདན་ཡིན་ཞིང་དེར་སྐྱེ་རྩའི་སྙིང་པོ་ཆགས་ཡོད། འབྲས་བུའི་འདབ་སྐོགས་གཉིས་ཀྱི་བར་དུ་བར་སྐྱེ་ཆ་འདྲ་ཡིས་སྦྲེལ་ཡོད། རྣ་འབྲས་སྨིན་པའི་སྐབས་ཕན་ཚུན་འབྲེལ་བའི་ཁག་ཁ་གྲོར་བ་དང་། བརྟན་ཟད་དེ་སྐམ་རྗེས་འབྲས་བུའི་འདབ་སྐོགས་བསྐུམས་ཏེ་སྐོགས་དབྱིབས་ཀྱི་འབྲས་བུའི་འདབ་སྐོགས་ཀྱི་མཐའི་འབྲེལ་མཚམས་ཁག་གྲོར་ཏེ་རྣ་འབྲས་ཁ་གས་པར་བྱེད་པ་ཡིན།

2.ས་བོན་གྱི་འཚར་སྐྱེ་དང་གྲུབ་ཚུལ། རྣ་འབྲས་གཅིག་འཚར་སྐྱེ་བྱུང་སྟེ་མཐའ་མཇུག་སོན་ཚིག 10 ~30འགྲུབ་པ་ཡིན། ས་བོན་ནི་ཟླུམ་རིལ་དབྱིབས་སམ་ཟླུམ་རིལ་དབྱིབས་དང་ཉེ་བ་རིང་ཚད་ལི་མི 2ཡས་མས་ཡོད། འབྲུ་ཚིག་སྟོང་རེའི་ལྗིད་ཚད་ཁེ 2 ~4ཡོད། སོན་ཤུགས་ཀྱི་ཚོས་མདངས་ལ་ནག་པོ་དང་ཁམ་ནག ཁམ་སེར། ཁམ་སྐྱ། སེར་སྐྱ། གསེར་མདོག སེར་པོ་སོགས་ཡོད་པ་ཡིན། འབྲུ་ཚིག་སེར་པོའི་ཆ་སྙོམས་ཀྱི་སྨུམ་འདུས་ཚད་ནི་འབྲུ་ཚིག་ནག་པོའམ་འབྲུ་ཚིག་དམར་སྨུག་ལས 1.54%~4.26%གིས་མཐོ་བ་ཡིན།

པད་ཁའི་འབྲུ་ཚིག་ནི་གཙོ་བོར་སོན་ཤུགས་དང་སྐྱེ་རྩ། སྐྱེ་རྩའི་གསོ་བཅུད་བཅས་ཀྱིས་གྲུབ་པ་ཡིན། སྐྱེ་རྩ་ལ་སྐྱེ་རྩའི་རྩ་བ་དང་སྐྱེ་རྩའི་སྡོང་རྐང་། སྐྱེ་རྩའི་སྦུ་གུ། རྒྱགས་ཤིང་ཆེ་བའི་སྐྱེ་རྗེན་ལོ་མ་གཉིས་བཅས་འདུས་པ་ཡིན། ས

བོན་གྱི་ཁག་ཆེ་ཤོས་ནི་སྐྱེ་རྩའི་སྐྱེ་རྟེན་པོ་མ་ཡིས་ཁེངས་ཡོད། སྐྱེ་རྟེན་པོ་མའི་ལྡེབས་སྲབ་པའི་ཕྲ་ཕུང་གི་ཕྲ་ཕུང་སྤྱིན་གཟུགས་ནང་དུ་རིལ་རྫོག་དབྱིབས་ཀྱི་སྣུམ་ཐིགས་དང་བག་ཕྱེའི་རྫོག་ཕུན་སུམ་ཚོགས་པ་འདུས་ཡོད།

གསུམ། པད་ཁའི་དྲོད་འོད་ཀྱི་ཚོར་གཤིས།

(གཅིག)པད་ཁའི་དྲོད་ཚོར་རང་བཞིན།

པད་ཁའི་ཚོ་གང་བོའི་ནང་ངེས་པར་དུ་དྲོད་ཚད་ཆུང་དམའ་བའི་དུས་ཚོད་དུམ་བུ་ཞིག་བརྒྱུད་རྗེས་ད་གཟོད་ཐེའུ་ལ་མེ་ཏོག་བཀོད་ནས་འབྲས་བུ་ཐོགས་པ་ཡིན་ལ། དེ་ལས་ཕྱོག་ཆེ་འཚོ་བཅུད་སྐྱེ་འཚར་དུས་རིམ་དུ་རང་སོར་ལུས་པའི་ཁྱད་གཤིས་ལ་དྲོད་ཚོར་རང་བཞིན་ཟེར་བ་ཡིན། པད་ཁའི་ས་བོན་མི་འདྲ་བའི་དྲོད་ཚོར་ཁྱད་གཤིས་གཞིར་བཟུང་སྟེ་རིགས་གསུམ་ལ་དབྱེ་ཆོག་པ་ཡིན།

1.དགུན་གཤིས་ཅན། ས་བོན་འདིའི་རིགས་ནི་དྲོད་ཚད་དམའ་མོར་སྣང་བྱ་གཟབ་ནན་ལྡན་པ་ཡིན། 0~5℃ཡི་ཆ་རྐྱེན་འོག་ཉིན 30~40བརྒྱུད་ན་ད་གཟོད་སྐྱེ་འཕེལ་སྐྱེ་འཚར་གྱི་ནུས་པ་ཐོན་ཐུབ་པ་ཡིན། དཔེར་ན་དགུན་འདེབས་པད་ཁ་འཕྱི་སྨིན་དང་། འཕྱི་བར་སྨིན་ཅན་གྱི་ས་བོན་ནི་འདིའི་རིགས་སུ་གཏོགས་པ་ཡིན།

2.དགུན་གཤིས་ཕྱེད་ཅན། ས་བོན་འདིའི་རིགས་ལ་དྲོད་ཚད་དམའ་མོའི་ཆ་རྐྱེན་ངེས་ཅན་གྱི་སྣང་བྱ་ལྡན་པ་ཡིན། འོན་ཀྱང་དྲོད་ཚད་དམའ་མོའི་སྣང་བྱ་གཟབ་ནན་མིན། སྤྱིར་བཏང 5~15℃ཡི་ཆ་རྐྱེན་འོག་ཉིན 20~30བརྒྱུད་ན་སྐྱེ་འཕེལ་སྐྱེ་འཚར་འགོ་རྩོམ་པ་ཡིན། དགུན་འདེབས་པད་ཁ་བར་སྨིན་ཅན་དང་། སྔ་བར་སྨིན་ཅན་གྱི་ས་བོན་དཔེར་ན་པད་ལོག་དབྱིབས་ཀྱི་ས་བོན་མང་པོ་སྟེ་ཆེན་ཡིའུ་ཨང 2པ་དང་ཀྲུང་ཡིའུ 821པ། ཞང་ཡིའུ་ཨང 11པ། ཧྭ་ཅོ་ཨང 2པ། ཧྭ་ཅོ་ཨང 3པ་སོགས་ལྟ་བུ་དང་། འབྲི་ཆུའི་དབུས་རྒྱུད་དང་སྨད་རྒྱུད

ཀྱི་བར་སྨིན་ཚོད་དཀར་དབྱིབས་ཀྱི་ས་བོན་ཡོངས་རྫོགས་འདིའི་རིགས་ལ་གཏོགས་པ་ཡིན།

3.དཔྱིད་གཤིས་ཅན། ས་བོན་འདིའི་རིགས་ནི་ཙུང་མཐོ་བའི་དྲོད་ཚད་འོག་དྲོད་ཚོར་དུས་རིམ་བརྒྱུད་ཐུབ་པ་ཡིན། སྤྱིར་བཏང 10~20℃ཡི་ཆ་རྐྱེན་འོག ཉིན 15~20དང་ཐན་དེ་ལས་ཐུང་བའི་དུས་ཚོད་ནང་སྐྱེ་འཕེལ་སྐྱེ་འཚར་གྱི་འགོ་ཚུགས་ཐུབ་པ་ཡིན། དགུན་འདེབས་པད་ཁ་ཤིན་ཏུ་སྔ་སྨིན་དང་སྔ་སྨིན་ས་བོན། དཔྱིད་འདེབས་པད་ཁའི་ས་བོན་རྣམས་འདིའི་རིགས་ལ་གཏོགས་པ་ཡིན། རང་རྒྱལ་ཧྭ་ནན་ས་ཁུལ་གྱི་ཚོད་དཀར་དབྱིབས་དང་པད་སོག་དབྱིབས་ཀྱི་ཤིན་ཏུ་སྔ་སྨིན་གྱི་ས་བོན་དང་། ལྷོ་ནུབ་ས་ཁུལ་གྱི་ཚོད་དཀར་དབྱིབས་ཀྱི་སྔ་བར་སྨིན་དང་སྔ་སྨིན་ས་བོན། ནུབ་བྱང་ས་ཁུལ་གྱི་དཔྱིད་འདེབས་པད་ཁའི་ས་བོན་སོགས་འདུ་བ་ཡིན་ཏེ། དཔེར་ན་པད་སོག་དབྱིབས་ཀྱི་དཔྱིད་འདེབས་པད་ཁའི་ས་བོན་ཆིན་ཅ་ཡིའུ་རིམ་བརྒྱུད་དང་མཚོ་སྔོན་འདྲེས་སྦྱེབ་རིམ་བརྒྱུད། ཚོད་དཀར་དབྱིབས་ཀྱི་སྔ་སྨིན་ས་བོན་མོན་ཡིའུ་དང་ཏའོ་ཡིའུ་རིམ་བརྒྱུད་སོགས་ལྟ་བུ།

(གཉིས)པད་ཁའི་འོད་ཚོར་རང་བཞིན།

པད་ཁའི་འཚར་སྐྱེ་ཁྲོད་དུ་དུང་ངེས་པར་དུ་དེའི་རིང་ཐུང་ངེས་ཅན་གྱི་ཉི་འོད་ཀྱི་སྣང་བྱ་བསྐངས་པ་ན་ད་གཟོད་ཐེའུ་ལ་མེ་ཏོག་བཞད་པའི་ཁྱད་གཤིས་དེར་འོད་ཚོར་རང་བཞིན་ཟེར། པད་ཁ་ནི་ཉི་འོད་ཡུན་རིང་ཕོག་དགོས་པའི་ལོ་ཏོག་ཡིན། ས་བོན་མི་འདྲ་བའི་འོད་ཚོར་རང་བཞིན་དེ་དེའི་ས་ཁམས་འབྱུང་ཁུངས་དང་ཐོག་མའི་ཐོན་ཁུལ་གྱི་སྐྱེ་འཚར་དུས་ཚིགས་ཁྲོད་ཀྱི་ཉིན་མཚན་གྱི་རིང་ཐུང་ལ་འབྲེལ་བ་ཡོད་པ་རེད། སྤྱིར་བཏང་རིགས་གཉིས་ལ་དབྱེ་བ་ཡིན།

1.འོད་ཚོར་དྲག་པའི་དབྱིབས། དཔྱིད་འདེབས་པད་ཁ་ནི་མེ་ཏོག་མ

བཞད་སྟོན་དུ་བརྒྱུད་པའི་ཉི་འོད་ཐོག་པ་དྲག་པོ་ཡིན། དེ་བས་སྤྱིར་བཏང་ཉི་འོད་ཐོག་པའི་རིང་ཚད་ལ་ཆོར་བ་སྐྱེན་པ་ཡིན། མེ་ཏོག་བཞད་པའི་སྟོན་དུ་ཆ་སྙོམས་ཉི་འོད་ཐོག་པའི་རིང་ཚད་དུས་ཚོད 14~16བརྒྱུད་དགོས་པ་ཡིན།

2.འོད་ཆོར་ཞན་པའི་དབྱིབས། དགུན་འདེབས་པད་ཁ་ནི་མེ་ཏོག་མ་བཞད་སྟོན་དུ་བརྒྱུད་པའི་ཉི་འོད་ཐོག་པ་ཅུང་ཐུང་བ་ཡིན། དེ་བས་ཉི་འོད་ཐོག་པའི་རིང་ཐུང་ལ་ཆོར་བ་སྐྱེན་པོ་མིན། མེ་ཏོག་བཞད་པའི་སྟོན་དུ་བརྒྱུད་དགོས་པའི་ཆ་སྙོམས་ཉི་འོད་ཐོག་པའི་རིང་ཚད་ནི་དུས་ཚོད 11ཡས་མས་ཡིན།

(གསུམ)པད་ཁའི་རྡོད་འོད་ཆོར་གཤིས་ཀྱི་ཉེར་སྤྱོད།

1.ས་བོན་འདྲེན་པ། དཔེར་ན་རང་རྒྱལ་བྱང་ཕྱོགས་ཀྱི་དགུན་གཤིས་དྲག་པའི་དགུན་འདེབས་པད་ཁ་ལྷོ་ཕྱོགས་སུ་དྲངས་ཏེ་འདེབས་འཛུགས་བྱས་ན། དེའི་རྡོད་ཚད་དམའ་མོའི་ཐང་བྱ་སྐྱོང་མི་ཐུབ་པའི་རྐྱེན་གྱིས་སྐྱེ་འཚར་དལ་བ་དང་སྨིན་འགྱི་བ། ཐ་ན་སྟོང་ཡུ་ཐོན་ནས་མེ་ཏོག་བཞད་མི་ཐུབ་པ་ཡིན། དེ་ལས་ལྡོག་སྟེ་གལ་ཏེ་ལྷོ་ནུབ་ས་ཁུལ་གྱི་དཔྱིད་གཤིས་དྲག་པའི་དགུན་འདེབས་པད་ཁའི་ས་བོན་བྱང་ཕྱོགས་སུ་དྲངས་ནས་བཏབ་ཚེ། སྟོན་འདེབས་ཐུ་དྲགས་ན་སྐྱེ་འཚར་མགྱོགས་ཤིང་སྟོང་ཡུ་ཐོན་ཐུ་བ་དང་མེ་ཏོག་བཞད་ཐུ་བ་འབྱུང་སྲིད་ཡིན། སྤྱིར་བཏང་འབྲི་ཆུའི་དབུས་རྒྱུད་དང་སྨད་རྒྱུད་ཀྱི་བར་སྨིན་ས་བོན་ཕན་ཚུན་ལ་དྲངས་ཏེ་འདེབས་ཆོག་ལ། ལྷོ་ནུབ་དང་ཧྭ་ནན་གྱི་དཔྱིད་གཤིས་ཅུང་དྲག་པའི་ས་བོན་འབྲི་ཆུའི་དབུས་རྒྱུད་དང་སྨད་རྒྱུད་ས་ཁུལ་དུ་མི་འཚམ་མོད། འོན་ཀྱང་ཧྭ་ནན་སོགས་ཞིང་ཆེན་དུ་འདྲེན་ཆོག་པ་ཡིན། ལྷོ་ནུབ་ཀྱི་དགུན་གཤིས་ཕྱེད་ཅན་གྱི་ས་བོན་འབྲུ་ཆུའི་དབུས་རྒྱུད་དང་སྨད་རྒྱུད་ས་ཁུལ་དུ་དྲངས་ནས་འདེབས་འཛུགས་བྱེད་ཆོག་པ་ཡིན།

2.ས་བོན་གྱི་གདམ་གསེས་དང་སྟེབ་སྦྲིག སྤྱིར་བཏང་དུ་བཤད་ན། པད་

སོག་དབྱིབས་ཀྱི་པད་ཁ་ནི་རང་རྒྱལ་གྱི་ས་ཁུལ་མང་ཆེ་བར་འདེབས་འཛུགས་བྱས་ཀྱང་ཐོན་ཚད་མཐོ་བ་དང་ཐོན་ཚད་གཏན་འཇགས་འཐོབ་ཐུབ་པ་ཡིན། ཡིན་ནའང་དཔྱིད་འདེབས་པད་ཁ་ཐོན་ཁུལ་དང་ལྷག་པར་དུ་ནུབ་རྒྱུད་ཀྱི་གྲང་ངར་ཆེ་བའི་ས་ཁུལ་དུ་སྟར་བཞིན་སྐྲི་ཚེ་དབྱིབས་དང་ཚོད་དཀར་དབྱིབས་ཀྱི་པད་ཁ་འདེབས་པ་ཙུང་མང་བ་ཡིན་ལ། ལྷག་པར་དུ་སྐྱེ་འཚར་དུས་ཡུན་ཐུང་བའི་ཚོད་དཀར་དབྱིབས་ཀྱི་སྔ་སྨིན་ས་བོན་ནི་དཔྱིད་འདེབས་དབྱར་སྟུད་དམ་དབྱར་འདེབས་སྟོན་སྟུད་བྱེད་པར་འཚམ་པ་ཡིན། འབྲི་ཆུའི་འབབ་རྒྱུད་ཀྱི་ཐང་ས་གསུམ་སྨིན་པའི་ས་ཁུལ་དུ་ངེས་པར་དུ་བར་སྔ་སྨིན་ནམ་བར་སྨིན་གྱི་དགུན་གཤིས་ཕྱེད་ཙན་གྱི་ས་བོན་བདམས་བཀོལ་བྱེད་དགོས་པ་དང་། ཐང་ས་གཉིས་སྨིན་པའི་ས་ཁུལ་དུ་འཕྱི་བར་སྨིན་དང་སྨྱུ་གུའི་དུས་ཀྱི་སྐྱེ་འཚར་དལ་བའི་དགུན་གཤིས་ཅན་གྱི་ས་བོན་བདམས་བཀོལ་བྱས་ཏེ་སྟར་ལས་མཐོ་བའི་ཐོན་ཚད་བསྐྱོན་ལེན་བྱེད་པར་ཕན་པ་བཟོ་དགོས། ཧྭ་ནན་གྱི་མཚོ་རྒྱུད་ས་ཁུལ་དུ་དགུན་དུས་གནམ་གཤིས་དྲོད་ཚད་མཐོ་བར་བརྟེན་དཔྱིད་གཤིས་ཅན་གྱི་སྐྱེ་འཚར་དུས་ཡུན་ཐུང་བའི་ས་བོན་ཁོ་ན་ད་གཟོད་རྒྱུན་ལྡན་དུ་འཚར་སྐྱེ་འབྱུང་ཐུབ་པ་ཡིན་ལ། དེར་མ་ཟད་ས་ཁུལ་འདིར་དཔྱིད་དུས་ཆར་ཆུ་ཙུང་མང་བས་པད་ཁ་ལ་འབྲས་བུ་ཐོགས་པ་དང་སྨིན་པ། སྟུད་པ་བཅས་ལ་མི་ཕན་པ་ཡིན། དེར་བརྟེན་ཚོད་དཀར་དབྱིབས་དང་ཤིན་ཏུ་སྔ་སྨིན་གྱི་པད་སོག་དབྱིབས་ཀྱི་ས་བོན་བཏབ་ན་འཚམ་པ་ཡིན།

3.འདེབས་འཛུགས་དོ་དམ། དཔྱིད་གཤིས་དྲག་པའི་ས་བོན་ནི་སྟོན་དུས་འོས་འཚམ་གྱིས་འཕྱི་བར་འདེབས་དགོས། གལ་ཏེ་བཏབ་པ་སྔ་དྲགས་ན་སྟོང་ཡུ་ཐོན་སྔ་ཞིང་མེ་ཏོག་བཞད་སྔ་བར་གྱུར་ཏེ་འཁྱགས་སྐྱོན་ཐེབས་སླ་བ་དང་། དགུན་གཤིས་དྲག་པའི་ས་བོན་ནི་དུས་དང་མཐུན་པར་སྔ་འདེབས་བྱེད་དགོས

ཤིང་། དཀུན་མ་བསླེབས་གོང་གི་དུས་ཚོད་བེད་སྤྱོད་དེ་དེའི་འཚོ་བཅུད་སྐྱེ་འཚར་ལ་སྐྱུལ་འདེད་བྱས་ཏེ་སྦུ་གུ་སྐྱེ་སྟོབས་དང་ལྡན་པའི་སྒོ་ནས་དཀུན་བརྒྱལ་ནས་ཐོན་ཚད་མཐོན་པོ་འབྱུང་བར་ཕན་པ་བྱ་དགོས། དཔྱིད་གཉིས་ཅན་གྱིས་ཐོན་ནི་འཚར་སྐྱེ་མགྱོགས་པས་ཞིང་ཁའི་རྡོ་དམ་སྤྲ་མོ་ནས་སྤེལ་དགོས། དེ་ལྟར་མིན་ཚེ་འཚོ་བཅུད་ཀྱིས་མི་འདང་བ་དང་ཐོན་ཚད་དམའ་བ་ཡིན།

བཞི། པད་ཁའི་ཐོན་ཚད་ཀྱི་གྲུབ་སྟངས།

(གཅིག)པད་ཁའི་ཐོན་ཚད་ཀྱི་གྲུབ་ཚུལ་རྒྱུ་རྐྱེན།

པད་ཁའི་ཐོན་ཚད་ནི་རྩིས་གཞིའི་རྒྱ་ཁྱོན་གྱི་རྔ་འབྲས་ཀྱི་གྲངས་ཀ་དང་རྔ་འབྲས་རེའི་འབྲུ་རྡོག་གི་ཁ་གྲངས། འབྲུ་རྡོག་གི་ལྗིད་ཚད་བཅས་རྒྱུ་རྐྱེན་གསུམ་གྱིས་གྲུབ་པ་ཡིན། ཐོན་ཚད་གྲུབ་བྱེད་ཀྱི་རྒྱུ་རྐྱེན་གསུམ་པོའི་ཁྲོད་རྩིས་གཞིའི་རྒྱ་ཁྱོན་གྱི་རྔ་འབྲས་ཀྱི་གྲངས་ཀའི་འགྱུར་ལྡོག་ཆེས་ཆེ་བ་ཡིན། འདེབས་གསོའི་ཆ་རྐྱེན་མི་འདྲ་བའི་འོག་བར་ཁྱད་ལྡབ 1 ~5འབྱུང་བ་ཡིན། ཁྱད་པར་དུ་འདེབས་པའི་སྟུག་ཚད་ལ་རག་ལས་པ་ཡིན། དེའི་ཕྱིར་རྔ་འབྲས་ཀྱི་གྲངས་ཀ་ནི་རྒྱ་ཁྱོན་ཆེན་པོའི་ཐོན་སྐྱེད་ཁྲོད་སྙོམས་སྒྲིག་གི་སྟབས་ཤུགས་ཆེ་ཤོས་ཀྱི་ཐོན་ཚད་ཀྱི་རྒྱུ་རྐྱེན་ཡིན་པ་མ་ཟད། ཐོན་ཚད་ཀྱི་གྲུབ་ཚུལ་ལ་བསྒྱུར་ཚད་ཀྱི་འབྲེལ་བ་ངེས་ཅན་ཞིག་ཡོད་པ་ཡིན། གཞི་རྩའི་སྟེང་རྔ་འབྲས་ཁྲི 1ལས་པད་ཁའི་འབྲུ་རྡོག་སྟོང་ཁེ 0.5འཐོབ་ཐུབ་པ་ཡིན། རྔ་འབྲས་རེའི་འབྲུ་རྡོག་གི་གྲངས་ཀ་དང་འབྲུ་རྡོག་གི་ལྗིད་ཚད་ཀྱི་འགྱུར་ལྡོག་གི་ཚད་ལྟོས་བཅས་ཀྱིས་ཉུང་ཆུང་། འདེབས་གསོའི་ཆ་རྐྱེན་མི་འདྲ་བའི་འོག་བར་ཁྱད་ཆེས་མང་ན་ལྡབ 1ལས་མི་བརྒལ་ཞིང་། ས་བོན་གཅིག་ཡིན་ན་འགྱུར་ལྡོག་གི་ཚད་ལྷག་ཏུ་ཆུང་བ་ཡིན། སྤྱིར་བཏང་རྔ་འབྲས་རེའི་འབྲུ་རྡོག་གི་གྲངས་ཚད་ཀྱི་འགྱུར་ལྡོག་གི་ཁྱབ་ཁོངས 10%ཡི་ནང་ཚུད་དང་འབྲུ་རྡོག་སྟོང་རེའི་ལྗིད་ཚད 5%ཡི་ནང་ཚུད་དུ་གནས་པ་ཡིན། འོན་

ཀྱང་ཐོན་ཚད་ཚད་ངེས་ཅན་ལ་ཡར་འཕར་ཞིང་རྩིས་གཞིའི་རྒྱུ་རྐྱེན་གྱི་ནས་འབྲས་ཀྱི་གྲངས་ཀ་ཉུང་མཐོ་བའི་ཆུ་ཚད་ལ་བསླེབས་སྐབས། ནས་འབྲས་རེའི་འབྲུ་རྡོག་གི་གྲངས་ཀ་དང་འབྲུ་རྡོག་གི་ལྗིད་ཚད་ཀྱིས་ཐོན་ཚད་ལ་ཤུགས་རྐྱེན་བཟོ་བ་ལ་སྣང་ཆུང་བྱེད་མི་རུང་བ་ཡིན།

(གཉིས)ཐོན་ཚད་གྲུབ་པའི་རྒྱུ་རྐྱེན་གྱི་གྲུབ་ཚུལ།

པད་ཁའི་ཐོན་ཚད་སོ་སོའི་གྲུབ་ཚུལ་རྒྱུ་རྐྱེན་ནི་སྐྱེ་འཚར་གྱི་བརྒྱུད་རིམ་ཁྲོད་ནས་གོ་རིམ་ངེས་ཅན་ལྟར་དུ་གྲུབ་པ་ཡིན། སྡོང་ཁང་དྲོད་ཚོར་གྱི་དུས་རིམ་དང་དགོས་ངེས་ཀྱི་འཚོ་བཅུད་སྐྱེ་འཚར་གྱི་ཚད་ངེས་ཅན་བརྒྱུད་རྗེས་གཞུང་ཁང་གི་རྩེ་མོ་ནས་མེ་ཏོག་གི་སྨྱུ་གུ་གྱིས་འགོ་ཚུགས་པར་བྱེད། འདི་ནི་ནས་འབྲས་ཀྱི་གྲངས་ཀ་གྲུབ་པའི་འགོ་ཚུགས་པ་ཡིན། མེ་ཏོག་བང་རིམ་གཙོ་བོའི་མེ་ཏོག་གི་སྨྱུ་གུ་དང་པོ་གྱིས་ཧེ་ཤུང་གདོང་ཕྲ་ཤུང་གྲུབ་པའི་དུས་ལ་བསླེབས་སྐབས། ཟེའུ་འབྲུ་མོ་ཡི་ནང་དུ་སྐྱེ་ཟའི་སྙིང་པོ་འབུར་འོང་བ་ཡིན། དེ་ནི་འབྲུ་རྡོག་གི་གྲངས་ཀ་གྲུབ་པའི་འགོ་ཚུགས་པ་ཡིན། མེ་ཏོག་བཞད་འགོ་ཚུགས་རྗེས། མེ་ཏོག་ཐོག་དང་པོའི་སྐྱེ་ཟའི་སྙིང་པོར་ཟེའུ་རྡུལ་ཞུགས་ཏེ་ཉིན 4~5ཡི་ལྗིང་འཛགས་ཀྱི་དུས་བརྒྱུད་རྗེས་ཆེར་བསྐྱེད་ཅིང་ལྗིད་ཚད་འཕར་བའི་འགོ་ཚུགས་པར་བྱེད། དེ་ནི་འབྲུ་རྡོག་གི་ལྗིད་ཚད་གྲུབ་པའི་འགོ་ཚུགས་པ་ཡིན། པད་ཁའི་ཐོན་ཚད་གྲུབ་པའི་བརྒྱུད་རིམ་ནི་དུས་སྐབས་གསུམ་དུ་སྡིང་བསྡུས་བྱེད་ཆོག་པ་ཡིན། ①མེ་ཏོག་གི་སྨྱུ་གུ་གྱིས་འགོ་ཚུགས་པ་ནས་མེ་ཏོག་བཞད་པའི་སྔོན་ནི་ནས་འབྲས་ཀྱི་གྲངས་ཀ་དང་འབྲུ་རྡོག་གི་གྲངས་ཀ་རྨང་འདིང་བའི་དུས་ཡིན། ②མེ་ཏོག་ཐོག་མར་བཞད་པ་དང་མེ་ཏོག་མཇུག་རྫོགས་རྗེས་ཀྱི་ཉིན 15ཡས་མས་ནི་ནས་འབྲས་ཀྱི་གྲངས་ཀ་དང་འབྲུ་རྡོག་གི་གྲངས་ཀ་གཏན་ཁེལ་བྱེད་པའི་དུས་ཡིན། ③མེ་ཏོག་ཐོག་མར་བཞད་རྗེས་ཀྱི་ཕལ་ཆེར་ཉིན 25ནས་སྨིན་པའི་བར་ནི་འབྲུ་རྡོག་གི་

ལྡིད་ཚད་ཐག་གཅོད་པའི་དུས་ཡིན།

པད་ཁའི་ཐོན་ཚད་གྲུབ་པའི་རྒྱུ་རྐྱེན་གསུམ་ནི་མེ་ཏོག་གི་སྨྱུ་གུ་ཁ་གྱེས་པའི་རྗེས་ནས་གྲུབ་འགོ་ཚུགས་པ་ཡིན་མོད། འོན་ཀྱང་སྨྱུ་གུའི་དུས་སྐྱོད་དང་སྐྱེ་འཚར་གྱི་ཚད་ནི་རྨང་གཞི་གལ་ཆེན་ཡིན་པ་རེད། སྨྱུ་གུའི་དུས་སྐྱོད་དུ་སྐྱེ་འཚར་གྱི་ཚད་འདང་ངེས་ཤིག་ཡོད་པ་ཁོ་ནས། ད་གཟོད་ལོ་མའི་གཞི་རྨང་ཙུང་མང་པོ་གྱེས་ཏེ་ཡལ་གར་རྣ་འབྲས་འདོགས་པ་གྲ་སྒྲིག་བྱེད་པ་མ་ཟད། སྨྱུ་གུའི་གྲང་ངར་འགོག་པའི་ནུས་པ་མཐོར་འདེགས་བྱེད་པ་ཡིན། དེའི་ཕྱིར། སྨྱུ་གུའི་དུས་སྐྱོད་དུ་རྫོད་འདང་ངེས་སུ་ཡོད་པ་བྱས་ཏེ་ལོ་མ་མང་དུ་སྐྱེས་པར་ཕན་པ་བྱེད་དགོས། ཡིན་ནའང་དཔྱིད་འགྱུར་གྱི་གོ་རིམ་བརྒྱུད་པ་ཐ་དྲགས་ཏེ་མེ་ཏོག་གི་སྨྱུ་གུ་གྱེས་པ་ལའང་གཡོལ་དགོས་པ་ཡིན།

ལེའུ་བཞི་བ། པད་ཁ་འདེབས་གསོ་བྱེད་པའི་ས་བོན་གཙོ་བོ།

ས་བོན་ནི་ཞིང་ལས་ཐོན་སྐྱེད་ཀྱི་ནང་གནས་རྒྱུ་རྐྱེན་ཡིན་པ་རེད། ཐོན་འཕར་ལག་རྩལ་གྱི་བྱེད་ཐབས་ཡོད་ཚད་དང་ཐོན་ཚད་མཐོན་པོའི་དམིགས་ཚད་ཀྱི་གཏན་འབེབས་དང་མངོན་འགྱུར་བྱེད་པ། ཚང་མ་སོན་བཟང་གི་མ་གཞི་ན་ཡོད་པའི་ཐོན་སྐྱེད་སྟབས་ཤུགས་གཞི་རྩ་བྱེད་དགོས་པ་རེད། པད་ཁའི་སོན་བཟང་ཁྱབ་སྤེལ་བེད་སྤྱོད་བྱེད་པ་ནི་པད་ཁའི་ཐོན་ཚད་མཐོར་འདེགས་དང་སྤུམ་རྫས་ཀྱི་རྒྱུ་སྤུས་ལེགས་བཅོས་བྱེད་པའི་ཆེས་དཔལ་འབྱོར་དང་ཆེས་ཕན་ནུས་ལྡན་པའི་ཐབས་ལམ་ཞིག་ཡིན་པ་དང་། པད་ཁའི་ཐོན་སྐྱེད་འཕེལ་རྒྱས་ཀྱི་ཆ་རྐྱེན་གལ་ཆེན་ཡིན་པ་རེད། "སོ་ལྔའི་འཆར་གཞི་དགུ་པ"ནས"སོ་ལྔའི་འཆར་གཞི་བཅུ་གཅིག་པའི"སྐབས་སུ། མཚོ་སྔོན་ཞིང་ཆེན་གྱི་ཞིང་ལས་ཚན་རིག་ཞིབ་འཇུག་སྡེ་ཁག་གིས་འཕྲོ་རིམ་འཕྲོར"མཚོ་སྔོན་འདྲེས་སྦྱེབ་རིམ་བརྒྱུད" པད་སོག་དབྱིབས་ཀྱི་ཟུང་དམའ་དཔྱིད་འདེབས་པད་ཁའི་འདྲེས་སྦྱེབ་ས་བོན་འདེབས་གསོ་བྱས་ཏེ། མཚོ་སྔོན་ཞིང་ཆེན་དང་བྱང་ཕྱོགས་དཔྱིད་འདེབས་པད་ཁ་ཐོན་ཁུལ་དུ་མངོན་གསལ་ལྡན་པའི་ཐོན་འཕར་ཡོང་འཕར་གྱི་བྱེད་ནུས་འདོན་སྤེལ་བྱས་པ་རེད།

གཅིག མཚོ་སྔོན་འདྲེས་སྦྱེབ་ཡང 2པ།

(གཅིག)ས་བོན་གྱི་ཡོང་ཁུངས།

མཚོ་སྔོན་ཞིང་ཆེན་ཞིང་ནགས་ཚན་རིག་གླིང་དཔྱིད་འདེབས་པད་ཁ

ཞིབ་འཇུག་སའི་ཡིས་པོ་ལི་མ་ཕྲ་ཕུང་སྨིན་གཟུགས་ཕོ་གཤིས་སྦྲུམ་མེད་རྒྱུད 105Aམ་སྡོང་དང་། སླར་གསོ་རྒྱུད 303Rཕ་སྡོང་བྱས་ཏེ་འདྲེས་སྐྱེལ་སྐྱེལ་སྒྲིག་བྱས་པ་ལས་གྲུབ་ཅིང་། ས་ཁོངས་ཚོད་ལྟའི་ཚབ་རྟགས་ནི 303ཡིན། 2000ལོར་མཚོ་སྔོན་ཞིང་ཆེན་ཞིང་ལས་ལོ་ཏོག་ས་བོན་ཞིབ་བཤེར་གཏན་འབེབས་ཨུ་ཡོན་ལྷན་ཁང་གིས་ཞིབ་བཤེར་གཏན་འབེབས་བྱས་ཏེ་མིང་དུ"མཚོ་སྔོན་འདྲེས་སྐྱེལ་ཨང 2པ"ཞེས་གཏན་ཁེལ་མཛད་ཅིང་། ས་བོན་གྱི་ཚད་མཐུན་དཔང་རྟགས་ནི་མཚོ་སྔོན་ས་བོན་ཚད་མཐུན་ཡིག་ཨང 0151པ་ཡིན། 2003ལོར་རྒྱལ་ཁབ་ཞིང་ལས་ལོ་ཏོག་ས་བོན་ཞིབ་བཤེར་གཏན་འབེབས་ཨུ་ཡོན་ལྷན་ཁང་གིས་ཞིབ་བཤེར་གཏན་འབེབས་བྱས་པ་བརྒྱུད་དེ། ཞིབ་བཤེར་གཏན་འབེབས་ཀྱི་ཨང་གྲངས་ནི་རྒྱལ་ཁབ་ཞིབ་གཏན་པད་ཁ 2003020ཡིན།

(གཉིས)ཁྱད་རྟགས་ཁྱད་གཤིས།

མཚོ་སྔོན་འདྲེས་སྐྱེལ་ཨང 2པ་ནི་དཔྱིད་གཤིས་པད་ལོག་དབྱིབས་ཀྱི་ཕྲ་ཕུང་སྨིན་གཟུགས་ཕོ་གཤིས་སྦྲུམ་མེད་རྒྱུད་གསུམ་འདྲེས་སྐྱེལ་པད་ཁའི་ས་བོན་ལ་གཏོགས། མཚོ་ངོས་ལས་མཐོ་ཚད་སྨིད 2 600ཡས་མས་ས་ཁོངས་སུ་ཡོངས་སུ་སྐྱེ་འཚར་འབྱུང་བའི་དུས་ཡུན་ཕལ་ཆེར་ཉིན 140ཡིན་ཞིང་། མཚོ་སྔོན་འདྲེས་སྐྱེལ་ཨང 1པ་དང་ཧ་ལམ་འདྲ་བ་ཡིན། ས་བོན་འདིའི་ལོ་མ་ནི་སྙིང་གི་དབྱིབས་སུ་གྲུབ་པ་དང་། སྡོང་ཕྲུག་ཅུང་སྨུག་མདོག སྙིང་དབྱིབས་ལོ་མའི་མདོག་ལྗང་ཁུ། གྲ་སྤུ་མེད་པ། སྡོང་ཡུ་ཐོན་པའི་སྔོན་དུ་སྐྱེ་འཚར་གོམས་གཤིས་ཅུང་དྲང་མོར་ལངས་པ། བསྐུམས་སྡོང་གི་ལོ་མ་སྟེང་ངོས་གསལ་པ་དང་མདོག་ལྗང་ཁུ། ལོ་མའི་རྒྱུ་རྩ་མདོག་དཀར་པོ། ཡུ་རིང་ལོ་མའི་མཐའ་ཁ་ན་སོག་ཁ་ཡོད་པ་དང་ཕྲ་ཚིལ་བྱེ་ཞུང་བ། སྡོང་རྐང་གི་ལོ་མ་ཁབ་དབྱིབས་དང་ལོ་མའི་ཡུ་བ་མེད་པ། ལོ་མའི་རྩ་བས་སྡོང་རྐང་ཕྱེད་བཏུམས་ཡོད། སྡོང་རྐང་གི་མཐོ་ཚད་ལི་སྨིད 158

དང་ཡལ་གའི་གནས་ལ་ལི་སྨིད 50ཡོད། ཐེངས་དང་པོའི་ནུས་ལྡན་ཡལ་ག 8 དང་ཐེངས་གཉིས་པའི་ཡལ་ག 8ཡོད། མེ་ཏོག་སེར་པོ། འདབ་མ་འཛོང་དབྱིབས་ཡིན། མེ་ཏོག་གི་འདབ་མའི་གཟུགས་དབྱིབས་ནི་གཞོགས་གཉིས་ཐོག་བརྩེགས་སུ་གྲུབ་པ་དང་བདེ་སློམས་སུ་བཀྲུངས་ཡོད། རྣ་འབྲས་ཀྱི་རིང་ཚད་ལི་སྨིད 7.5 ཡོད་པ་དང་འབྲས་མཆུ་ལ་ལི་སྨིད 1.3ཡོད། འབྲུ་རྫོག་ཁམ་ནག་ཡིན། སྡོང་ཀང་རྐྱང་པ་རེའི་རྣ་འབྲས་ཀྱི་གྲངས་ཀ 200ཡོད་ལ། རྣ་འབྲས་རེའི་འབྲུ་རྫོག་གི་གྲངས་ཀ་ནི 20དང་། འབྲུ་རྫོག་སྟོང་རེའི་ལྗིད་ཚད་ཁེ 3.8ཡོད། སྣུམ་འདུས་ཚད 45.2%དང་ཅེ་སོན་འདུས་ཚད 0.65ཡིན་ལ། ལིའུ་ཏའི་འདུས་ཚད་ལྷེ་མའོ་ཨར 27.8/ཁེ་ཡིན། ཐན་འགོག་ནུས་པ་འབྲིང་། གྲང་ངར་བསྲན་པའི་ནུས་པ་ཆུང་དྲག ཉལ་བ་འགོག་པ་འབྲིང་ཡིན།

(གསུམ)ཐོན་ཚད་ཀྱི་མངོན་ཚུལ།

1998ལོར་དབྱིད་འདེབས་པད་ཁ་ཚོ་སྐར་གྱི་པད་ཁའི་ས་བོན་གྱི་ས་ཁོངས་ཚོད་ལྟ་ཁྲིད་ཞུགས་ཏེ། ཆ་སྙོམས་མུའུ་རེའི་ཐོན་ཚད་སྟོང་ཁེ 219.9ཡིན་ཞིང་། མཚོ་སྔོན་འདྲེས་སྦེལ་ཨང 1པ་དང་བསྡུར་ན 3.90%ཐོན་འཕར་བྱུང་། 1999 ལོར་རྒྱུན་མཐུད་ཚོད་ལྟ་བྱས་ཏེ་ཆ་སྙོམས་མུའུ་རེའི་ཐོན་ཚད་སྟོང་ཁེ 210.7ཡིན་ཞིང་། མཚོ་སྔོན་འདྲེས་སྦེལ་ཨང 1པ་དང་བསྡུར་ན 13.20%ཐོན་འཕར་བྱུང་། ལོ་གཉིས་ཀྱི་ས་ཁོངས་ཚོད་ལྟ་ལས་ཆ་སྙོམས་མུའུ་རེའི་ཐོན་ཚད་སྟོང་ཁེ 215.3 ཐོབ་ཅིང་། མཚོ་སྔོན་འདྲེས་སྦེལ་ཨང 1པ་དང་བསྡུར་ན 7.30%ཐོན་འཕར་བྱུང་། 2000ལོར་དབྱིད་འདེབས་པད་ཁ་ཚོ་སྐར་གྱི་ཐོན་སྐྱེད་ཚོད་ལྟ་ཁྲིད་ཞུགས་ཤིང་ཆ་སྙོམས་མུའུ་རེའི་ཐོན་ཚད་སྟོང་ཁེ 170.4ཡིན། དེ་མཚོ་སྔོན་འདྲེས་སྦེལ་ཨང 1པ་དང་བསྡུར་ན 6.53%ཐོན་འཕར་བྱུང་། 2001ལོར་རྒྱུན་མཐུད་ཚོད་ལྟ་བྱས། ཆ་སྙོམས་མུའུ་རེའི་ཐོན་ཚད་སྟོང་ཁེ 167.8ཡིན། བསྡུར་བའི་ཐོན་

འཕར 7.88%བྱུང་། ལོ་གཉིས་ཀྱི་ཚོད་ལྟ་ལས་ཆ་སྙོམས་མུའུ་རེའི་ཐོན་ཚད་སྟོང་ཁེ 169.2བྱུང་། བསྡུར་བའི་ཐོན་འཕར 7.20%ཡིན་པ་རེད།

(བཞི)འདེབས་གསོའི་ལག་རྩལ་གྱི་གནད་འགག

ས་བོན་འདིའི་སླང་བྱ་ནི་ས་རྒྱུ་སོབ་སོབ་ཡིན་ཞིང་ས་རྒྱུའི་གཤིན་ཚད་འབྲིང་གོང་ཡིན་པ། རི་ཐང་མཚམས་ཀྱི་ཞིང་རི་མར་དུས་དང་འཚམ་པར་ལེན་ལུད་མང་དུ་བཀོལ་བ་དང་། ཞིང་ཆུ་མར་ཏན་ལུད་བཀོལ་ཚད་སྤྱིར་བཏང་གི་ས་བོན་ལས་ཅུང་ཟད་མང་དུ་བྱེད་པ། ཏན་དབྱང:ལེན=1:0.93ཡིན། ཞིང་ཆུ་མའི་འོས་འཚམ་གྱི་འདེབས་དུས་ནི་ཟླ 3པའི་ཟླ་སྨད་ནས་ཟླ 4བའི་ཟླ་དཀྱིལ་དང་། ཞིང་རི་མར་ཟླ 4བའི་ཟླ་དཀྱིལ་ནས་ཟླ 4བའི་ཟླ་སྨད། རོལ་འདེབས་བྱེད་པ། འདེབས་ཚད་སྟོང་ཁེ 0.35 ~0.40/མུའུ་ཡིན། འདེབས་པའི་ཟབ་ཚད་ལི་སྨིད 3 ~4ཡིན། སྨུག་རྐང་གི་བར་ཐག་ལི་སྨིད 29དང་མུའུ་རེའི་ལྡང་པ་ཁག་ཐེག་ཚད་རྐང་ཁྲི 1.30 ~3.00/མུའུ་ཡིན་ལ། སྡོང་རྐང་གསོན་ཚད(རྐང་ཁྲི 1.00~2.00/མུའུ)ཡིན། ཞིང་ཁའི་དོ་དམ་གྱི་སླང་བྱ་ནི་ལྡང་པ་ཐོན་པའི་དུས་སྐབས་ལྷིང་སྤུར་དང་འབུ་འཛོང་རིང་ལ་མཉམ་འཛོག་བྱེད་པ་དང་དུས་ཐོག་ཏུ་ལྡང་པ་མཐུག་སེལ་བྱེད་པ། ལོ་མ 4~5ཡི་དུས་ནས་མེ་ཏོག་བཞད་པའི་དུས་ལ་དུས་ཐོག་ཏུ་ཆུ་གཏོང་བ་དང་སྟེང་ལུད་རྒྱག་དགོས། འདེབས་ལུད་ལ་མུའུ་རེར་ཏན་རྐྱང་སྟོང་ཁེ 4.6དང་དབྱང་ལྤ་ལེན་གཉིས་ཟླས་མུའུ་རེར་སྟོང་ཁེ 2.65འཛོག་པ། སྟེང་ལུད་མུའུ་རེར་ཏན་རྐྱང་སྟོང་ཁེ 4.6རྒྱག་པ། ན་འབྲས་ཀྱི་དུས་སྐྱེ་དངོས་གནོད་འབུ་ཡི་འགོག་བཅོས་ལ་མཉམ་འཛོག་དགོས།

(ལྔ)འདེབས་འཛུགས་བྱེད་པར་འཚམ་པའི་ས་ཁུལ།

གན་སུའུ་དང་ནང་སོག ཞིན་ཅང་། མཚོ་སྔོན་སོགས་ཞིང་ལྗོངས་ཀྱི་སད་མེད་པའི་དུས་ཅུང་རིང་བའི་ས་ཁུལ་དུ་ཁྱབ་སྤེལ་འདེབས་འཛུགས་བྱེད

པར་འཚམས། （རི་མོ 4–1དང་རི་མོ 4–2）

རི་མོ 4–1 མཚོ་སྔོན་འདྲེས་སྐྱེབ་ཨང 2པའི་ས་བོན།

རི་མོ 4–2 མཚོ་སྔོན་འདྲེས་སྐྱེབ་ཨང 2པའི་ཞིང་ས་ཆེན་པོའི་ཐོན་སྐྱེད་ཀྱི་ལྟང་སྨིན་དུས་སྐབས་ཀྱི་སྐྱེ་སྟངས།

གཉིས། མཚོ་སྔོན་འདྲེས་སྐྱེབ་ཨང 3པ།

（གཅིག）ས་བོན་གྱི་ཡོང་ཁུངས།

མཚོ་སྔོན་ཞིང་ཆེན་ཞིང་ནགས་ཚན་རིག་གླིང་དཔྱིད་འདེབས་པད་ཁ་ཞིབ་འཇུག་སའི་ཡིས་པོ་ལི་མ་ཕྲ་ཕུང་སྤྱིན་གཟུགས་པོ་གཤིས་སྨྲུམ་མེད་རྒྱུད 144A མ་སྔོང་དང་། སྨར་གསོ་རྒྱུད 482–1ཕ་སྔོང་བྱས་ཏེ་འདྲེས་སྐྱེབ་སྐྱེབ་སྒྲིག་བྱས་པ་ལས་གྲུབ་ཅིང་། ས་ཁོངས་ཚོད་ལྟའི་ཚབ་རྟགས་ནི 144ཡིན། 2001ལོར་མཚོ་སྔོན་ཞིང་ཆེན་ཞིང་ལས་ལོ་ཏོག་ས་བོན་ཞིབ་བཤེར་གཏན་འབེབས་ཨུ་ཡོན་ལྷན་ཁང་གིས་ཞིབ་བཤེར་གཏན་འབེབས་བྱས་ཏེ་མིང་དུ"མཚོ་སྔོན་འདྲེས་སྐྱེབ་ཨང 3པ"ཞེས་གཏན་འཁེལ་མཛད། ས་བོན་གྱི་ཚད་མཐུན་དཔང་རྟགས་ནི་མཚོ་སྔོན་ས་བོན་ཚད་མཐུན་ཡིག་ཨང 0163པ་ཡིན། 2003ལོར་རྒྱལ་ཁབ་ཞིང་ལས་ལོ་ཏོག་ས་བོན་ཞིབ་བཤེར་གཏན་འབེབས་ཨུ་ཡོན་ལྷན་ཁང་གིས་ཞིབ་བཤེར་གཏན་འབེབས་བྱས་པ་བརྒྱུད་དེ། ཞིབ་བཤེར་གཏན་འབེབས་ཀྱི་ཨང་གྲངས་ནི་རྒྱལ་ཁབ་ཞིབ་གཏན་པད་ཁ 2003019ཡིན།

(གཉིས)ཁྱད་རྟགས་ཁྱད་གཤིས།

མཚོ་སྔོན་འདྲེས་སྐེབ་ཨང་3པ་ནི་པད་ལོག་དབྱིབས་ཀྱི་ཕྲ་ཕུང་སྤྱིན་གཟུགས་པོ་གཤིས་སྨྱུམ་མེད་རྒྱུད་གསུམ་དཔྱིད་གཤིས་ཅན་གྱི་ཤིན་ཏུ་སྔ་སྨིན་འདྲེས་སྐེབ་པད་ཁའི་ས་བོན་ལ་གཏོགས། མཚོ་ངོས་ལས་མཐོ་ཚད་སྨིད2800ཡས་མས་ས་ཁོངས་སུ་ཡོངས་སུ་སྐྱེ་འཚར་འབྱུང་བའི་དུས་ཡུན་ཕལ་ཆེར་ཉིན125ཡིན་ཞིང་། མཚོ་སྔོན་པད་ཁ241དང་བསྡུར་ན་ཉིན8~10ཡིས་འབྱི་བར་སྨིན། སྡོང་རྐང་གི་མཐོ་ཚད་ལ་ལི་སྨིད146.0~151.0དང་ཟུས་ལྡན་ཡལ་གའི་གནས་ལ་ལི་སྨིད21~25ཡོད། ཐེངས་དང་པོའི་ཟུས་ལྡན་ཡལ་ག5~6དང་ཐེངས་གཉིས་པའི་ཡལ་ག6 ~8ཡོད། མེ་ཏོག་གི་བང་རིམ་གཙོ་བོའི་རིང་ཚད་ལ་ལི་སྨིད65~71ཡོད། ར་འབྲས་ཀྱི་རིང་ཚད་ལ་ལི་སྨིད7~8ཡོད། སྡོང་རྐང་གཅིག་གི་ར་འབྲས་ཀྱི་གྲངས་ཀ166~203ཡོད་ལ། སྡོང་རྐང་རྐྱང་པ་རེའི་ཐོན་ཚད་ཁེ8~10ཡིན། ར་འབྲས་རེའི་འབྲུ་རྡོག་གི་གྲངས་ཀ་ནི27དང་། འབྲུ་རྡོག་སྟོང་རེའི་ལྗིད་ཚད་ཁེ3.6ཡོད། འབྲུ་རྡོག་ནང་སྣུམ་འདུས་ཚད41.45%དང་སྣུམ་གྱི་ནང་ཅེ་སོན་འདུས་ཚད0.75%ཡིན་ལ། ལིའུ་ཏའི་འདུས་ཚད་ལྷེ་མའོ་ཨར20.76/ཁེ་ཡིན། སྐྱེ་རྟེན་ལོ་མ་ནི་སྙིང་གི་དབྱིབས་སུ་གྲུབ་པ་དང་། སྡོང་ཕྲུག་ལྗང་ཁུ། སྙིང་དབྱིབས་ལོ་མའི་མདོག་ལྗང་ཁུ། ཕྲ་སྤུ་མེད་པ། སྡོང་ཡུ་ཐོན་པའི་སྔོན་དུ་སྐྱེ་འཚར་གོམས་གཤིས་ནི་ཙུང་དྲང་མོར་ལངས་པ། བསྐུམས་སྡོང་གི་ལོ་མའི་སྟེང་ངོས་གསལ་པ་དང་མདོག་ལྗང་ཁུ། ལོ་མའི་རྒྱུ་རྩ་མདོག་དཀར་པོ། ལོ་མ་ཡུ་རིང་། ལོ་མའི་མཐའ་ཁ་ན་སོག་ཁ་ཡོད་པ་དང་ཕྲ་ཚེལ་ཕྱེ་ཞུང་བ། སྡོང་རྐང་གི་ལོ་མ་ཁབ་དབྱིབས་དང་ལོ་མར་ཡུ་བ་མེད་པ། ལོ་མའི་རྩ་བས་སྡོང་རྐང་ཁྱུད་བཏུམས་ཡོད། སྡོང་ཡུ་ལྗང་མདོག་ཡིན། སྡོང་རྐང་རྐྱང་པའི་གཞུང་རྐང་སྟེང་ལྗང་མདོག་ལོ་མ12~13ཡོད། ཆེས་ཆེ་བའི་ལོ་མའི་རིང་ཚད་ལ་ལི་སྨིད30~

31དང་ཞིང་ལ་ལི་སྨིད 8~9ཡོད། སྔོན་རྐང་ཕྲུགས་མའི་དབྱིབས་སུ་གྲུབ་ཅིང་ཡལ་ག་སྙོམས་པོར་སྐྱེས་ཡོད། དཔྱིད་གཤིས་ཅན་གྱི་ཤིན་ཏུ་སྔ་སྨིན་པད་ལོག་དབྱིབས་ལ་གཏོགས་པ་ཡིན།

(གསུམ)ཐོན་ཚད་ཀྱི་མངོན་ཚུལ།

2000 ~2001ལོར་དཔྱིད་འདེབས་པད་ཁ་སྔ་སྨིན་ཚོ་སྐོར་གྱི་པད་ཁའི་ས་བོན་གྱི་ས་ཁོངས་ཚོད་ལྟ་ཁྲིད་ཞུགས་ཏེ། ཆ་སྙོམས་མུའུ་རེའི་ཐོན་ཚད་སྟོང་ཁེ 154.7བླངས་ཤིང་། མཚོ་སྔོན་པད་ཁ 241དང་བསྡུར་ན 48.09%ཐོན་འཕར་བྱུང་། 2001~2002ལོར་རྒྱུན་མཐུད་ཚོད་ལྟ་བྱས་ཏེ་ཆ་སྙོམས་མུའུ་རེའི་ཐོན་ཚད་སྟོང་ཁེ 157.3ཡིན་ཞིང་། བསྡུར་གྲངས་ཆ་སྙོམས 31.59%ཐོན་འཕར་བྱུང་། ལོ་གཉིས་ཀྱི་ས་ཁོངས་ཚོད་ལྟ་ལས་ཆ་སྙོམས་མུའུ་རེའི་ཐོན་ཚད་སྟོང་ཁེ 156.0ཐོབ་ཅིང་། བསྡུར་གྲངས 39.29%ཐོན་འཕར་བྱུང་། 2002~2003ལོར་དཔྱིད་འདེབས་པད་ཁ་སྔ་སྨིན་ཚོ་སྐོར་གྱི་ཐོན་སྐྱེད་ཚོད་ལྟ་ཁྲིད་ཞུགས་ཤིང་ཆ་སྙོམས་མུའུ་རེའི་ཐོན་ཚད་སྟོང་ཁེ 160.5ཡིན། དེ་མཚོ་སྔོན་པད་ཁ 241དང་བསྡུར་ན 45.17%ཐོན་འཕར་བྱུང་བ་རེད།

(བཞི)འདེབས་གསོའི་ལག་རྩལ་གྱི་གནད་འགག

1.དུས་དང་འཚམ་པར་སྔ་འདེབས་བྱེད་པ། བྱང་ཕྱོགས་དཔྱིད་འདེབས་པད་ཁ་ཚོད་དཀར་དབྱིབས་ཀྱི་པད་ཁ་ཐོན་ཁུལ་དུ་སྤྱིར་བཏང་གི་འདེབས་དུས་ནི་ཟླ 4པའི་ཟླ་དཀྱིལ་ནས་ཟླ 4པའི་ཟླ་སྨད་ཡིན་ཞིང་། རོལ་འདེབས་བྱེད་དགོས། འདེབས་ཚད་སྟོང་ཁེ 0.4 ~0.5/མུའུ་དང་འདེབས་པའི་ཟབ་ཚད་ལི་སྨིད 3 ~4ཡིན། སྨུག་རྐང་གི་བར་ཐག་ལི་སྨིད 15~20ཡིན།

2.འོས་འཚམ་གྱིས་མཐུག་འདེབས་བྱེད་པ། མུའུ་རེའི་ལྗང་པ་ཁག་ཐེག་ཚད་རྐང་ཁྲི 3.00~4.00དང་སྔོན་རྐང་གསོན་གྲངས་རྐང་ཁྲི 2.80~3.80/མུའུ་

ཡིན།

3.ཞིང་ཁའི་ངོ་དམ། སླང་བྱ་ནི་ས་རྒྱུ་སོབ་སོབ་ཡིན་པ་དང་ས་རྒྱུའི་གཤིན་ཚད་འབྲིང་གོང་ཡིན་པ། གཏིང་ལུད་མང་དུ་འཛོག་པ། སྟེང་ལུད་སྔ་མོ་ནས་རྒྱག་ཅིང་ལོ་མའི་ཐོག་ཏུ་རྒྱག་པ། དུས་དང་འཚམ་པར་ལིན་ལུད་མང་དུ་བཀོལ་བ་དང་ཏན་ལུད་ཀྱི་བཀོལ་ཚད་སྤྱིར་བཏང་གི་ས་བོན་ལས་མང་དགོས། ཏན : ལིན=1 : 0.93ཡིན། སྤྱིར་བཏང་མུའུ་རེར་སྐྱི་ལྷན་ལུད་ཟིད་ལྷམ་པ 2.5~3.0དང་གཅིན་རྒྱུ་སྟོང་ཁ 10~12ལིན་སྐྱུར་ཨན་གཉིས་སྟོང་ཁ 10~12བཅས་འཛོག་དགོས། “སྔ་གསུམ”དམ་དུ་འཛིན་པ་སྟེ་སྔ་མོ་ནས་ས་སོབ་སོབ་བཟོ་ཞིང་ཡུར་མ་ཡུར་བ་དང་སྔ་མོ་ནས་སྨུ་གུ་མཐུག་སེལ་བྱེད་པ། སྔ་མོ་ནས་སོར་འཛོག་སྨུ་གུ་གཏན་ཁེལ་བཅས་བྱེད་དགོས། ལོ་མ 4 ~5ཡི་དུས་ནས་མེ་ཏོག་བཞད་པའི་དུས་ལ་དུས་ཐོག་ཏུ་ཆུ་གཏོང་བ་དང་སྟེང་ལུད་རྒྱག་དགོས། གཏིང་ལུད་ལ་མུའུ་རེར་ཏན་རྒྱང་སྟོང་ཁ 4.60དང་དབྱང་ལྷུ་ལིན་གཉིས་ཐུས་མུའུ་རེར་སྟོང་ཁ 2.67འཛོག་པ། སྟེང་ལུད་མུའུ་རེར་ཏན་རྒྱང་སྟོང་ཁ 4.60རྒྱག་དགོས། ལྡང་པ་ཐོན་པའི་དུས་སྐབས་ལྷིང་སྤྲུར་དང་འབུ་འཛིང་རིང་ལ་མཉམ་འཛོག་བྱེད་པ་དང་ན་འབྲས་ཀྱི་དུས་སྐྱེ་དངོས་གནོད་འབུ་ཡི་འགོག་བཅོས་ལ་མཉམ་འཛོག་དགོས་ཤིང་། དུས་ལྟར་སྟུད་དགོས།

(ལྔ)འདེབས་འཛུགས་བྱེད་པར་འཚམ་པའི་ས་ཁུལ།

མཚོ་སྔོན་དང་ཞིན་ཅང་། ཀན་སུའུ། ནང་སོག ཧེ་ལུང་ཅང་སོགས་ཞིང་སྒྲོངས་ཀྱི་དཔྱིད་འདེབས་པད་ཁ་ས་ཁུལ་གྱི་ཚོད་དཀར་དབྱིབས་ཀྱི་པད་ཁ་ཐོན་ཁུལ་ཁག་ཅིག་ཏུ་འདེབས་འཛུགས་བྱེད་པར་འཚམ། (རི་མོ 4–3དང་རི་མོ 4–4)

རི་མོ 4–3 མཚོ་སྔོན་འདྲེས་སྐྱེ་བ་ཨང 3པའི་ཐོན་ཚད་མཐོ་བའི་དཔེ་སྟོན།

རི་མོ 4–4 མཚོ་སྔོན་འདྲེས་སྐྱེ་བ་ཨང 3པ་དེ་རི་མ་ས་ཁུལ་དུ་རྒྱ་ཁྱོན་ཆེན་པོས་འདེབས་ཚུལ།

གསུམ། མཚོ་སྔོན་འདྲེས་སྐྱེ་བ་ཨང 4བ།

(གཅིག) ས་བོན་གྱི་ཡོང་ཁུངས།

མཚོ་སྔོན་ཞིང་ཆེན་ཞིང་ནགས་ཚན་རིག་གླིང་དཔྱད་འདེབས་པད་ཁ་ཞིབ་འཇུག་སའོ་ཡིས་པོ་ལི་མ་ཕྲ་ཕུང་སྐྱིན་གཟུགས་པོ་གཉིས་སྨྲུམ་མེད་རྒྱུད 025A མ་སྔོང་དང་། སླར་གསོ་རྒྱུད 238ལ་སྔོང་བྱས་ཏེ་འདྲེས་སྐྱེ་སྐྱེ་སྒྲིག་བྱས་པ་ལས་གྲུབ་ཅིང་། ས་ཁོངས་ཚོད་ལྟའི་ཚབ་རྟགས་ནི 025ཡིན། 2005ལོར་མཚོ་སྔོན་ཞིང་ཆེན་ཞིང་ལས་ལོ་ཏོག་ས་བོན་ཞིབ་བཤེར་གཏན་འབེབས་ཨུ་ཡོན་ལྷན་ཁང་གིས་ཞིབ་བཤེར་གཏན་འབེབས་བྱས་ཏེ་མིང་དུ“མཚོ་སྔོན་འདྲེས་སྐྱེ་བ་ཨང 4བ”ཞེས་གཏན་ཁེལ་མཛད། ས་བོན་གྱི་ཚད་མཐུན་དཔང་རྟགས་ནི་མཚོ་སྔོན་ས་བོན་ཚད་མཐུན་ཡིག་ཨང 0207པ་ཡིན།

(གཉིས) ཁྱད་རྟགས་ཁྱད་གཤིས།

མཚོ་སྔོན་འདྲེས་སྐྱེ་བ་ཨང 4བ་ནི་པད་ལོག་དབྱེབས་ཀྱི་ཕྲ་ཕུང་སྐྱིན་གཟུགས་པོ་གཉིས་སྨྲུམ་མེད་རྒྱུད་གསུམ་དཔྱད་གཉིས་ཅན་གྱི་ཤིན་ཏུ་ཐོ་སྨིན་འདྲེས་སྐྱེ་པད་ཁའི་ས་བོན་ལ་གཏོགས། མཚོ་ངོས་ལས་མཐོ་ཚད་སྨིད 2900 ཡས་མས་ས་ཁོངས་སུ་ཡོངས་སུ་སྐྱེ་འཚར་འབྱུང་བའི་དུས་ཡུན་ཉིན 120ཡས

མས་ཡིན་ཞིང་། སྔོང་ཀང་གི་མཐོ་ཚད་ལ་ལི་སྨིད་142.0~148.0དང་ཞུས་ལྡན་
ཡལ་གའི་གནས་ལ་ལི་སྨིད་20~25ཡོད། ཐེངས་དང་པོའི་ཞུས་ལྡན་ཡལ་ག་4~6
དང་ཐེངས་གཉིས་པའི་ཡལ་ག་5~7ཡོད། མེ་ཏོག་གི་བང་རིམ་གཙོ་བོའི་རིང་
ཚད་ལ་ལི་སྨིད་60~70ཡོད། རྣ་འབྲས་ཀྱི་རིང་ཚད་ལ་ལི་སྨིད་5.5~8ཡོད།
སྔོང་ཀང་གཅིག་གི་ཞུས་ལྡན་རྣ་འབྲས་ཀྱི་གྲངས་ཀ་146~166ཡོད་ལ། སྔོང་
ཀང་རྐྱང་པ་རེའི་ཐོན་ཚད་ཁེ་7~9ཡིན། རྣ་འབྲས་རེའི་འབྲུ་རྡོག་གི་གྲངས་ཀ་ནི
22~27དང་། འབྲུ་རྡོག་སྟོང་རེའི་ལྗིད་ཚད་ཁེ་3.2~3.6ཡོད། སྐྱེ་རྟེན་ལོ་མ་
ནི་སྙིང་གི་དབྱིབས་སུ་གྲུབ་པ་དང་། སྔོང་ཕྲུག་ལྗང་ཁུ། སྙིང་དབྱིབས་ལོ……
མའི་མདོག་ལྗང་ཁུ། གྲ་སྤུ་མེད་པ། སྔོང་ཡུ་ཐོན་པའི་སྔོན་དུ་སྐྱེ་འཚར་གོམས···
གཤིས་ནི་ཅུང་དྲང་མོར་ལངས་པ། བསྐྱུམས་སྔོང་གི་ལོ་མའི་སྟེང་ངོས་གསུས་པ···
དང་མདོག་ལྗང་ཁུ། ལོ་མའི་རྒྱུ་རྩ་མདོག་དཀར་པོ། ལོ་མ་ཡུ་རིང་། ལོ་མའི···
མཐའ་ཁ་ན་སོག་ཁ་ཡོད་པ་དང་བྲ་ཚིལ་ཕྱེ་ཞུང་བ། སྔོང་ཀང་གི་ལོ་མ་ཁབ་དབྱིབས··
དང་ལོ་མའི་ཡུ་བ་མེད་པ། ལོ་མའི་རྩ་བས་སྔོང་ཀང་ཕྱེད་བཀུམས་ཡོད། སྔོང་ཡུ···
ལྗང་མདོག་ཡིན། སྔོང་ཀང་རྐྱང་པའི་གཞུང་ཀང་སྟེང་ལྗང་མདོག་ལོ་མ་12~13
ཡོད། ཆེས་ཆེ་བའི་ལོ་མའི་རིང་ཚད་ལ་ལི་སྨིད་30~31དང་ཞེང་ལ་ལི་སྨིད་8~9
ཡོད། སྔོང་ཀང་ཕྲུགས་མའི་དབྱིབས་སུ་གྲུབ་ཅིང་ཡལ་ག་སྙོམས་པོར་སྐྱེས་ཡོད།
འབྲུ་རྡོག་ནང་སྙུམ་འདུས་ཚད་45.15%དང་སྙུམ་གྱི་ནང་ཅི་སོན་འདུས་ཚད་0.75%
ཡིན་ལ། ཡིའུ་ཏའི་འདུས་ཚད་ལྷེ་མའོ་ཨར་30.60/ཁེ་ཡིན།

(གསུམ)ཐོན་ཚད་ཀྱི་མངོན་ཚུལ།

2004 ~2005ལོར་དཔྱིད་འདེབས་པད་ཁ་སྤ་སྨིན་ཚོ་སྐོར་གྱི་པད་ཁའི་ས་
བོན་གྱི་ས་ཁོངས་ཚོད་ལྟ་དང་ཐོན་སྐྱེད་ཚོད་ལྟ་ཁྲིད་ཞུགས་ཏེ། ས་ཁོངས་ཀྱི་ཚོད···
ལྟ་ཁྲིད་ཆ་སྙོམས་མུའུ་རེའི་ཐོན་ཚད་སྟོང་ཁེ་178.5བླངས་ཤིང་། ཏའོ་ཡིའུ་11

དང་བསྡུར་ན 28.59%ཐོན་འཕར་བྱུང་བ་དང་། ཐོན་སྐྱེད་ཚོད་ལྟ་ཁྲོད་ཆ་སྙོམས་མུའུ་རེའི་ཐོན་ཚད་སྟོང་ཁེ 166.12ཡིན་ཞིང་། བསྡུར་གྲངས་ཆ་སྙོམས 32.62%ཐོན་འཕར་བྱུང་།

(བཞི)འདེབས་གསོའི་ལག་རྩལ་གྱི་གནད་འགག

1.དུས་དང་འཚམ་པར་སྔ་འདེབས་བྱེད་པ། མཚོ་སྔོན་ཞིང་ཆེན་གྱི་ཚོད་དཀར་དབྱིབས་ཀྱི་པད་ཁ་ཐོན་ཁུལ་དུ་སྤྱིར་བཏང་གི་འདེབས་དུས་ནི་ཟླ 4བའི་ཟླ་སྨད་ནས་ཟླ 5བའི་ཟླ་སྟོད་ཡིན་ཞིང་། རོལ་འདེབས་བྱེད་དགོས། འདེབས་ཚད་སྟོང་ཁེ 0.75~1.0/མུའུ་དང་འདེབས་པའི་ཟབ་ཚད་ལི་སྨིད 3~4ཡིན། ཕྲེང་སྟར་གྱི་བར་ཐག་ལི་སྨིད 15~20དང་སྡུག་རྐང་གི་བར་ཐག་ལ་ལི་སྨིད 5~8ཡིན།

2.འོས་འཚམ་གྱིས་མཐུག་འདེབས་བྱེད་པ། མུའུ་རེའི་ལྡང་པ་ཁག་ཐེག་ཚད་རྐང་ཁྲི 5.00~6.00དང་སྡོང་རྐང་གསོན་གྲངས་རྐང་ཁྲི 4.80~5.80/མུའུ་ཡིན།

3.ཞིང་ཁའི་དོ་དམ། བླང་བྱ་ནི་ས་རྒྱུ་སོབ་སོབ་ཡིན་པ་དང་ས་རྒྱུའི་གཤེར་ཚད་འཕྲིང་གོང་ཡིན་པ། གཏིང་ལུད་མང་དུ་འཛོག་པ། སྟེང་ལུད་སྔ་མོ་ནས་རྒྱག་ཅིང་ལོ་མའི་ཐོག་ཏུ་རྒྱག་པ། དུས་དང་འཚམ་པར་ལིན་ལུད་མང་དུ་བཀོལ་བ་དང་ཏན་ལུད་ཀྱི་བཀོལ་ཚད་སྤྱིར་བཏང་གི་ས་བོན་ལས་མང་དགོས། སྤྱིར་བཏང་མུའུ་རེར་གཏིང་ལུད་དུ་སྐྱེ་ལྡན་ལུད་སྨིད་ལྷམ་པ 2.5~3.0དང་གཅིན་རྫུ་སྟོང་ཁེ 8 ~10ལིན་སྦྱར་ཨན་གཉིས་སྟོང་ཁེ 12 ~15བཅས་འཛོག་དགོས། “སྔ་གསུམ”དམ་དུ་འཛིན་པ་སྟེ་སྔ་མོ་ནས་ས་སོབ་སོབ་བཟོ་ཞིང་ཡུར་མ་ཡུར་བ་དང་སྔ་མོ་ནས་སྦུ་གུ་མཐུག་སེལ་བྱེད་པ། སྔ་མོ་ནས་སོར་འཛོག་སྦུ་གུ་གཏན་ཁེལ་བཅས་བྱེད་དགོས། ལོ་མ 4 ~5ཡི་དུས་ནས་མེ་ཏོག་བཞད་པའི་དུས་ལ་དུས་ཐོག

ཏུ་ཆུ་གཏོང་བ་དང་སྙིང་ལུད་རྒྱག་དགོས། སྙིང་ལུད་ལ་ཨུའུ་རེར་གཅིན་རྒྱ་སྟོང་ཁེ 5རྒྱག་དགོས། ལྔང་པ་ཐོན་པའི་དུས་སྐབས་ཞིང་སྲུར་དང་འབུ་འཇོང་རིང་ལ་མཉམ་འཛོག་བྱེད་པ་དང་ན་འབྲས་ཀྱི་དུས་སྐྱེ་དངོས་གནོད་འབུ་དང་མེ་ལྕེབ་འབུ་སྲུག པད་ཁའི་གང་བུའི་གནོད་འབུ་བཅས་ཀྱི་འགོག་བཅོས་ལ་མཉམ་འཛོག་དགོས། 80%ཡི་ན་འབྲས་སེར་པོར་གྱུར་སྐབས་སྡུད་དགོས།

(ལྔ)འདེབས་འཛུགས་བྱེད་པར་འཚམ་པའི་ས་ཁུལ།

མཚོ་སྔོན་ཞིང་ཆེན་གྱི་ཤར་རྒྱུད་ཞིང་ལས་ཁུལ་གྱི་མཚོ་ངོས་ལས་མཐོ་ཚད་སྨིད 2800~3000གི་མཐོ་གནས་ཞིང་རི་མར་འདེབས་འཛུགས་བྱེད་པར་འཚམ། མཚོ་སྔོན་འདྲེས་སྐེབ་ཨང 4བ་ནི་མཚོ་སྔོན་ཞིང་ཆེན་གྱི་མིག་སྔར་ཐོན་སྐྱེད་སྙིང་བཀོལ་སྤྱོད་བྱེད་པའི་ཆེས་སྔ་སྨིན་གྱི་པད་ལོག་དབྱིབས་ཀྱི་པད་ཁའི་འདྲེས་སྐེབ་ས་བོན་ཡིན་ཞིང་། མཚོ་ངོས་ལས་མཐོ་ཚད་སྨིད 3000མན་གྱི་ཚོད་དཀར་དབྱིབས་ཀྱི་པད་ཁའི་ཚབ་བགྱིས་ཆོག ཉེ་བའི་ལོ་ཤས་ནང་ས་བོན་གྱི་དགོས་མཁོའི་ཚད་སྐོང་ཐུབ་ཀྱི་མེད།

བཞི། མཚོ་སྔོན་འདྲེས་སྐེབ་ཨང 5བ།

(གཅིག)ས་བོན་གྱི་ཡོང་ཁུངས།

མཚོ་སྔོན་ཞིང་ཆེན་ཞིང་ནགས་ཚན་རིག་གླིང་དཔྱིད་འདེབས་པད་ཁ་ཞིབ་འཇུག་སའི་ཡིས་པོ་ལི་མ་ཕྲ་ཕུང་སྤྱིན་གཟུགས་ཕོ་གཤིས་སྨུམ་མེད་རྒྱུད 105Aམ་སྟོང་དང་། སླར་གསོ་རྒྱུད 1831Rཕ་སྟོང་བྱས་ཏེ་འདྲེས་སྐེབ་སྐེབ་སྒྲིག་བྱས་པ་ལས་གྲུབ་ཅིང་། ས་ཁོངས་ཚོད་ལྟའི་ཚབ་རྟགས་ནི 305ཡིན། 2006ལོར་རྒྱལ་ཁབ་ཞིང་ལས་ལོ་ཏོག་ས་བོན་ཞིབ་བཤེར་གཏན་འབེབས་ཨུ་ཡོན་ལྷན་ཁང་གིས་ཞིབ་བཤེར་གཏན་འབེབས་བྱས་ཏེ་མིང་དུ“མཚོ་སྔོན་འདྲེས་སྐེབ་ཨང 5བ”ཞེས་གཏན་ཁེལ་མཛད། ཞིབ་བཤེར་གཏན་འབེབས་ཀྱི་ཨང་གྲངས་ནི་རྒྱལ་

ཁབ་ཞིབ་གཏན་པད་ཁ 2006001ཡིན།

(གཉིས)ཁྱད་རྟགས་ཁྱད་གཤིས།

མཚོ་སྔོན་འདྲེས་སྣེབ་ཨང 5བ་ནི་པད་སོག་དབྱིབས་ཀྱི་དབྱིད་གཤིས་ཅན་གྱི་ཕྲ་ཕུང་སྨྲིན་གཟུགས་པོ་གཤིས་སྨྲུམ་མེད་རྒྱུད་གསུམ་གྱི་འདྲེས་སྣེབ་སབོན་ཡིན། མཚོ་ངོས་ལས་མཐོ་ཚད་སྨིད 2600ཡས་མས་ས་ཁོངས་སུ་ཡོངས་སུ་སྐྱེ་འཚར་འབྱུང་བའི་དུས་ཡུན་ཉིན 142ཡས་མས་ཡིན། སྦྱུ་གུ་རྩུང་དྲང་མོར་ལངས་པ། ལོ་མའི་མདོག་ལྗང་ནག་ཡིན། གས་པའི་ལོ་མ་ཆ 2~3ཡོད། ལོ་མའི་མཐའ་རླབས་དབྱིབས། ཕྲ་ཚིལ་གྱི་ཕྱེ་ཞུང་བ། གྲ་ཕྲུ་མེད། མེ་ཏོག་གི་འདབ་མ་སེར་པོ། འདབ་མའི་དབྱིབས་འཇོང་དབྱིབས། འདབ་མའི་གཞོགས་གཉིས་བསྒོལ་བརྩེགས་སུ་ཡོད། སྡོང་རྐང་གི་མཐོ་ཚད་ལ་ལི་སྨིད 171ཡས་མས་དང་ཡལ་གའི་གནས་ལ་ལི་སྨིད 62ཡས་མས་ཡོད། ཡལ་ག་སྐྱམས་པོར་སྐྱེས་ཡོད། ཆ་སྙོམས་སྡོང་རྐང་གཅིག་གི་ནུས་ལྡན་རྣ་འབྲས་ཀྱི་གྲངས་ཀ 221.2ཡོད་ལ། རྣ་འབྲས་རེའི་འབྲུ་ཏོག་གི་གྲངས་ཀ་ནི 25.7དང་། འབྲུ་ཏོག་སྟོང་རེའི་ལྗིད་ཚད་ཁེ 3.9ཡོད། ས་ཁོངས་ཚོད་ལྟའི་ཁྲོད་ཞིང་ཁར་བརྟག་དཔྱད་བྱས་པའི་ནད་ཀྱི་གནོད་པའི་མཇུག་འབྲས་ནི། གཉན་སྲིན་གཙོང་ནད་ཀྱི་ཆ་སྙོམས་འབྱུང་ཚད 15.05%དང་ནད་ཀྱི་སྟོན་གྲངས 6.47%ཡིན་པ་རེད། འགོག་ནུས་མཚོ་སྔོན་འདྲེས་སྣེབ་ཨང 1པ་དང་མཚོ་སྔོན་པད་ཁ་ཨང 14བ་ལས་བཟང་། རྒྱལ་ཡོངས་ས་ཁོངས་ཚོད་ལྟའི་གཅིག་གྱུར་དཔེ་འདེམས་བྱས་ཏེ། ཞིང་ལས་པུའུ་ཡི་སྨུམ་རྒྱུ་དང་བཟོས་རྫས་རྒྱུ་ཕྲུས་ལྟ་སྐྱུལ་ཞིབ་བཤེར་ཚད་ལེན་ལྟེ་གནས་ཀྱིས་ཞིབ་དཔྱད་ཚད་ལེན་བྱས་པ་ལྟར་ན། ལིའུ་ཏའི་འདུས་ཚད་ལྷེ་མའོ་ཨར 18.56/ཁེ་དང་། སྨུམ་འདུས་ཚད 45.23% ཡིན་པ་རེད།

(གསུམ)ཐོན་ཚད་ཀྱི་མངོན་ཚུལ།

2003ལོར་དཔྱིད་འདེབས་པད་ཁ་ས་བོན་གྱི་ས་ཁོངས་ཚོད་ལྟ་ཁྲིད་ཞུགས་ཏེ། ཆ་སྙོམས་མུ་རེའི་ཐོན་ཚད་སྐོང་ཁེ 252.75བླངས་ཤིང་། མཚོ་སྔོན་འདྲེས་སྐེབ་ཨང 1པ་དང་བསྡུར་ན 4.92%ཐོན་འཕར་བྱུང་ལ། མཚོ་སྔོན་པད་ཁ་ཨང 14བ་དང་བསྡུར་ན 18.46%ཐོན་འཕར་བྱུང་ཡོད། 2004ལོར་རྒྱུན་མཐུད་ཚོད་ལྟ་བྱས་ཏེ་ཆ་སྙོམས་མུ་རེའི་ཐོན་ཚད་སྐོང་ཁེ 252.45ཡིན་ཞིང་། མཚོ་སྔོན་འདྲེས་སྐེབ་ཨང 1པ་དང་བསྡུར་ན 12.25%ཐོན་འཕར་བྱུང་ལ། མཚོ་སྔོན་པད་ཁ་ཨང 14བ་དང་བསྡུར་ན 23.48%ཐོན་འཕར་བྱུང་ཡོད། ལོ་གཉིས་ཀྱི་ས་ཁོངས་ཚོད་ལྟ་ལས་ཆ་སྙོམས་མུ་རེའི་ཐོན་ཚད་སྐོང་ཁེ 252.6ཐོབ་ཅིང་། མཚོ་སྔོན་འདྲེས་སྐེབ་ཨང 1པ་དང་བསྡུར་ན 8.46%ཐོན་འཕར་བྱུང་ལ། མཚོ་སྔོན་པད་ཁ་ཨང 14བ་དང་བསྡུར་ན 20.91%ཐོན་འཕར་བྱུང་ཡོད། 2005ལོར་ཐོན་སྐྱེད་ཚོད་ལྟ་བྱས་པར་ཆ་སྙོམས་མུ་རེའི་ཐོན་ཚད་སྐོང་ཁེ 218.77ཡིན། མཚོ་སྔོན་པད་ཁ་ཨང 14བ་དང་བསྡུར་ན 22.17%ཐོན་འཕར་བྱུང་ཡོད། མཚོ་སྔོན་འདྲེས་སྐེབ་ཨང 5བ་ནི་མིག་སྔར་དཔྱིད་འདེབས་པད་ཁ་ཐོན་ཁུལ་ཡོངས་ཀྱི་ལོ་རེའི་འདེབས་འཛུགས་རྒྱ་ཁྱོན་ཆེས་ཆེ་བའི་ས་བོན་ཡིན་ཏེ། ལོ་རེའི་འདེབས་འཛུགས་རྒྱ་ཁྱོན་ཕལ་ཆེར་མུ་ཁྲི 250ཡིན་ཞིང་། བསྡུད་མར་ལོ 5ལ(2008 ~2012ལོ)ཞིང་ལས་པུའུ་ཡིས་རྒྱལ་ཡོངས་པད་ཁའི་གཙོ་ཁྲིད་ས་བོན་ལ་གཏན་ཁེལ་མཛད་པ་དང་། 2011ལོར་རང་རྒྱལ་གྱི་པད་ཁའི་མུ་རེའི་ཐོན་ཚད་ཀྱི་ཆེས་མཐོ་བའི་ཟིན་ཐོ(སྐོང་ཁེ 450/མུའུ)བསྐྲུན་པ་རེད། སྤྱི་ཕྱི་སྐེབ་རྩིས་བྱས་ན་མུའུ་ཁྲི 1500སྔག་ཁྱབ་སྤེལ་བྱས་ཏེ 2013ལོར་མཚོ་སྔོན་ཞིང་ཆེན་གྱི་ཚན་རིག་ལག་རྩལ་ཡར་ཐོན་བྱ་དགའི་ཨང་གཉིས་པ་ཐོབ་པ་རེད།

(བཞི)འདེབས་གསོའི་ལག་རྩལ་གྱི་གནད་འགག

1.དུས་དང་འཚམ་པར་སྔ་འདེབས་བྱེད་པ། འོས་འཚམ་གྱི་འདེབས་དུས་

ནི་ཟླ 3པའི་ཟླ་སྨད་ནས་ཟླ 4པའི་ཟླ་སྨད་ཡིན་ཞིང་། རོལ་འདེབས་བྱེད་དགོས། སྲུའུ་རེའི་འདེབས་ཚད་སྟོང་ཁེ 0.35~0.50ཡིན།

2.འོས་འཚམ་གྱིས་མཐུག་འདེབས་བྱེད་པ། འདེབས་པའི་ཟབ་ཚད་ལི་སྨིད 3~4དང་སྦུག་རྐང་གི་བར་ཐག་ལི་སྨིད 25~30ཡིན། སྲུའུ་རེའི་ལྡང་པ་ཁག་ཐེག་ཚད་སྦྱུ་གུ་ཁྲི 1.5~2.5ཡིན།

3.ཞིང་ཁའི་དོ་དམ། སྲུའུ་རེར་གཏིང་ལུད་དུ་ལིན་སྐྱུར་ཨན་གཉིས་སྟོང་ཁེ 20དང་གཅིན་རྒྱ་སྟོང་ཁེ 4~5འཛོག་དགོས། དུས་ཐོག་ཏུ་སྦྱུ་གུ་མཐུག་སེལ་བྱེད་པ་དང་སོར་འཛོག་སྦྱུ་གུ་གཏན་ཁེལ་བྱེད་དགོས། ལོ་མའི་དུས(ལོ་མ 4~5ཡི་སྐབས)སུ་སྟེང་ལུད་གཅིན་རྒྱ་སྲུའུ་རེར་སྟོང་ཁེ 6~8རྒྱག་དགོས།

4.འབུ་འགོག་འབུ་བཅོས། སྦྱུ་གུའི་དུས་ལྷིང་སྦུར་དང་འབུ་འཛིང་རིང་ལ་མཉམ་འཛོག་བྱེད་པ་དང་། ར་འབྲས་ཀྱི་དུས་སྐྱེ་དངོས་གནོད་འབུ་ཡི་འགོག་བཅོས་ལ་མཉམ་འཛོག་དགོས།

(ལྔ)འདེབས་འཛུགས་བྱེད་པར་འཚམ་པའི་ས་ཁུལ།

ནང་སོག་དང་ཞིན་ཅང་། ཀན་སུའུ། མཚོ་སྔོན་སོགས་ཞིང་ལྗོངས་ཀྱི་མཚོ་ངོས་ལས་མཐོ་ཚད་དམའ་བའི་ས་ཁུལ་གྱི་དབྱིད་འདེབས་པད་ཁའི་ཐོན་ཁུལ་གཙོ་བོའི་ཁུལ་དུ་འདེབས་འཛུགས་བྱེད་པར་འཚམ། (རི་མོ 4–5དང་རི་མོ 4–6)

རི་མོ 4–5 མཚོ་སྔོན་འདྲེས་སྐྱེས་ཡུང 5 པའི་ རྒྱ་ཁྱོན་ཆེན་པོའི་དཔེ་སྟོན།

རི་མོ 4–6 མཚོ་སྔོན་འདྲེས་སྐྱེས་ཡུང 5པས་རྒྱལ་ཡོངས་པད་ཁའི་ཐོན་ཚད་མཐོ་བའི་ཟིན་ཐོ་བསྐྲུན(སྟོང་ཁེ 450.45/མུའུ)པ།

༦། མཚོ་སྔོན་འདྲེས་སྐྱེས་ཡུང 6པ།

(གཅིག)ས་བོན་གྱི་ཡོང་ཁུངས།

མཚོ་སྔོན་ཞིང་ཆེན་ཞིང་ནགས་ཚན་རིག་སྒྲིང་དཔྱད་འདེབས་པད་ཁ་ཞིབ་འཇུག་སའོ་ཡིས་པོ་ལི་མ་ཕྲ་ཕུང་སྐྱིན་གཟུགས་པོ་གཤིས་སྨུམ་མེད་རྒྱུད 105Aམ་སྟོང་དང་། སླར་གསོ་རྒྱུད 1842Rཕ་སྟོང་བྱས་ཏེ་འདྲེས་སྐྱེབ་སྐྱེབ་སྒྲིག་བྱས་པ་ལས་གྲུབ་ཅིང་། ས་ཁོངས་ཚོད་ལྟའི་ཚབ་རྟགས་ནི 402ཡིན། 2008ལོར་རྒྱལ་ཁབ་ཞིང་ལས་ལོ་ཏོག་ས་བོན་ཞིབ་བཤེར་གཏན་འབེབས་ཨུ་ཡོན་ལྷན་ཁང་གིས་ཞིབ་བཤེར་གཏན་འབེབས་བྱས་ཏེ་མིང་དུ“མཚོ་སྔོན་འདྲེས་སྐྱེབ་ཡུང 6པ”ཞེས་གཏན་ཁེལ་མཛད། ཞིབ་བཤེར་གཏན་འབེབས་ཀྱི་ཨང་གྲངས་ནི་རྒྱལ་ཁབ་ཞིབ་གཏན་པད་ཁ 2008021ཡིན།

(གཉིས)ཁྱད་རྟགས་ཁྱད་གཤིས།

མཚོ་སྔོན་འདྲེས་སྐྱེབ་ཡུང 6པ་ནི་པད་ལོག་དབྱིབས་ཀྱི་དབྱིད་གཤིས

ཅན་གྱི་པོ་ལི་མ་ཕྲ་ཕུང་སྤྲིན་གཟུགས་ཕོ་གཤིས་སྨྱུམ་མེད་རྒྱུད་གསུམ་གྱི་འདྲེས······སྡེབ་ས་བོན་ཡིན། མཚོ་སྔོན་ཞིང་ཆེན་གྱི་མཚོ་ངོས་ལས་མཐོ་ཚད་སྨིད 2600 ཡས་མས་ས་ཁོངས་སུ་ཡོངས་སུ་སྐྱེ་འཚར་འབྱུང་བའི་དུས་ཡུན་ཉིན 140ཡིན། མཚོ་སྔོན་འདྲེས་སྡེབ་ཨང 2པ་དང་ཐལ་ཆེར་འདྲ་བ་ཡིན། སྦུ་གུ་ཅུང་དྲང་མོར་ལངས་པ། ལོ་མའི་མདོག་ལྗང་ནག་ཡིན། གས་པའི་ལོ་མ་ཆ 2~3ཡོད། ལོ་མའི་མཐའ་རྣབས་དབྱིབས། ཕྲ་ཆིལ་གྱི་བྱེ་ཞུང་བ། གྲ་སྤུ་མེད། མེ་ཏོག་གི···འདབ་མ་སེར་པོ། འདབ་མའི་དབྱིབས་འཛོང་དབྱིབས། འདབ་མའི་གཞོགས··གཉིས་བསྡོལ་བརྩེགས་སུ་ཡོད། ཡལ་ག་ཆ་སྙོམས་པོར་སྐྱེས་པའི་རིགས་ཡིན། སྡོང་ཡུ་སྲ་མཁྲེགས་ཞལ་བ་འགོག ཆ་སྙོམས་སྡོང་རྐང་གི་མཐོ་ཚད་ལ་ལི་སྨིད 180.9དང་ཡལ་གའི་གནས་ལ་ལི་སྨིད 73.65ཡོད། ནུས་ལྡན་ཡལ་ག 8.25 ཡོད། ཆ་སྙོམས་སྡོང་རྐང་གཅིག་གི་ནུས་ལྡན་ར་འབྲས་ཀྱི་གྲངས་ཀ 209.38 ཡོད་ལ། ར་འབྲས་རེའི་འབྲུ་རྡོག་གི་གྲངས་ཀ་ནི 25.56དང་། འབྲུ་རྡོག་སྟོང་རེའི་ལྗིད་ཚད་ཁེ 3.80ཡོད། ས་ཁོངས་ཚོད་ལྟའི་ཁྲིད་ཞིང་ཁར་བརྟག་དཔྱད་··བྱས་པར་གཉན་སྲིན་གཙོང་ནད་ཀྱི་འབྱུང་ཚད 4.28%དང་ནད་ཀྱི་སྟོན་གྲངས 1.53%ཡིན་པ་རེད། གཉན་སྲིན་གཙོང་ནད་འགོག(བསྲུན)ནུས་ཅུང་དྲག ཞིང་ལས་ཕྱུའུ་སྨུམ་རྒྱུ་དང་བཟོས་ཟས་རྒྱུ་ཕྲུས་ལྟ་སྐྱུལ་ཞིབ་བཤེར་ཚད་ལེན་ལྟེ······གནས་ཀྱིས་ཞིབ་དཔྱད་ཚད་ལེན་བྱས་པ་ལྟར་ན། ཆ་སྙོམས་ཅེ་སོན་འདུས་ཚད 0.1%དང་འབབ་ཆ་འབབ་སྙིགས་ནང་ལིའུ་ཏའི་འདུས་ཚད་ཕྱེ་མའི་ཨར 20.6/ཁེ་དང་། སྨུམ་འདུས་ཚད 47.39%ཡིན་པ་རེད།

(གསུམ)ཐོན་ཚད་ཀྱི་མངོན་ཚུལ།

2005ལོར་རྒྱལ་ཡོངས་དཔྱིད་འདེབས་པད་ཁའི་ས་ཁོངས་ཚོད་ལྟའི་ཁྲིད། ཆ་སྙོམས་མུའུ་རེའི་ཐོན་ཚད་སྟོང་ཁེ 250.74ཡིན་ཞིང་། མཚོ་སྔོན་པད་ཁ་ཨང

14བ་དང་བསྡུར་ན 15.51%ཐོན་འཕར་བྱུང་ཡོད། 2006ལོར་ས་ཁོངས་ཚོད་ལྟ་བྱས་ཏེ་ཆ་སྙོམས་མུ་འུ་རེའི་ཐོན་ཚད་སྟོང་ཁ 233.82ཡིན་ཞིང་། མཚོ་སྔོན་འདྲེས་སྐེབ་ཨང 2པ་དང་བསྡུར་ན 10.93%ཐོན་འཕར་བྱུང་། 2006ལོར་ཐོན་སྐྱེད་ཚོད་ལྟ་བྱས་པར་ཆ་སྙོམས་མུ་འུ་རེའི་ཐོན་ཚད་སྟོང་ཁ 219.97ཡིན། མཚོ་སྔོན་འདྲེས་སྐེབ་ཨང 2པ་དང་བསྡུར་ན 7.73%ཐོན་འཕར་བྱུང་ཡོད།

(བཞི)འདེབས་གསོའི་ལག་རྩལ་གྱི་གནད་འགག

1.དུས་དང་འཚམ་པར་སྔ་འདེབས་བྱེད་པ། ཨོས་འཚམ་གྱི་འདེབས་དུས་ནི་ཟླ 3པའི་ཟླ་སྨད་ནས་ཟླ 4བའི་ཟླ་སྨད་ཡིན་ཞིང་། རོལ་འདེབས་བྱེད་དགོས། མུ་འུ་རེའི་འདེབས་ཚད་སྟོང་ཁ 0.35~0.50ཡིན།

2.ཨོས་འཚམ་གྱིས་མཐུག་འདེབས་བྱེད་པ། འདེབས་པའི་ཟབ་ཚད་ལི་སྨིད 3~4དང་སྨྱུག་རྐང་གི་བར་ཐག་ལི་སྨིད 25~30ཡིན། མུ་འུ་རེའི་ལྡང་པ་ཁག་ཐེག་ཚད་སྨྱུ་གུ་ཁྲི 1.50~2.50ཡིན།

3.ཞིང་ཁའི་དོ་དམ། མུ་འུ་རེར་གཏིང་ལུད་དུ་ལིན་སྦྱར་ཨན་གཉིས་སྟོང་ཁ 20དང་གཅིན་རྒྱུ་སྟོང་ཁ 4~5འཇོག་དགོས། དུས་ཐོག་ཏུ་སྨྱུ་གུ་མཐུག་སེལ་བྱེད་པ་དང་སོར་འཇོག་སྨྱུ་གུ་གཏན་འཁེལ་བྱེད་པ། ཆུ་གཏོང་བ་བཅས་བྱེད་དགོས། ལོ་མའི་དུས(ལོ་མ 4~5ཡི་སྐབས)སུ་སྟེང་ལུད་གཅིན་རྒྱུ་མུ་འུ་རེར་སྟོང་ཁ 6~8རྒྱག་དགོས།

4.འབུ་འགོག་འབུ་བཅོས། སྨྱུ་གུའི་དུས་ལྡིང་སྦུར་དང་འབུ་འཛོང་རིང་ལ་མཉམ་འཇོག་བྱེད་པ་དང་། རྣ་འབྲས་ཀྱི་དུས་སྐྱེ་དངོས་གནོད་འབུ་ཡི་འགོག་བཅོས་ལ་མཉམ་འཇོག་དགོས།

(ལྔ)འདེབས་འཛུགས་བྱེད་པར་འཚམ་པའི་ས་ཁུལ།

མཚོ་སྔོན་དང་ཀན་སུའུ་ཞིང་ཆེན་གྱི་མཚོ་ངོས་ལས་མཐོ་ཚད་དམའ་བའི་

ས་ཁུལ། ནང་སོག་སོག་རིགས་རང་སྐྱོང་ལྗོངས། ཞིན་ཅང་ཡུ་གུར་རིགས་རང་སྐྱོང་ལྗོངས་ཀྱི་དཔྱིད་འདེབས་པད་ཁའི་ཐོན་ཁུལ་གཙོ་བོའི་ཁུལ་དུ་ཁྱབ་སྤེལ་འདེབས་འཛུགས་བྱེད་པར་འཚམ། (རི་མོ 4–7)

རི་མོ 4–7 མཚོ་སྔོན་འདྲེས་སྐྱེ་ཨང 6པའི་ཞིང་ཁའི་སྐྱེ་སྟངས།

དྲུག མཚོ་སྔོན་འདྲེས་སྐྱེ་ཨང 7པ།

(གཅིག) ས་བོན་གྱི་ཡོང་ཁུངས།

མཚོ་སྔོན་ཞིང་ཆེན་ཞིང་ནགས་ཚན་རིག་གླིང་དཔྱིད་འདེབས་པད་ཁ་ཞིབ་འཇུག་སའི་ཡིས་པོ་ལི་མ་སྨྲ་སྤུང་སྤྱིན་གཟུགས་ཕོ་གཉིས་སྨྱུམ་མེད་རྒྱུད 144Aམ་སྔོང་དང་། སླར་གསོ་རྒྱུད 1244Rཕ་སྔོང་བྱས་ཏེ་འདྲེས་སྐྱེ་སྐྱེ་སྦྲིག་བྱས་པ་ལས་གྲུབ་ཅིང་། ས་ཁོངས་ཚོད་ལྟའི་ཚབ་རྟགས་ནི 249ཡིན། 2009ལོར་མཚོ་སྔོན་ཞིང་ཆེན་ཞིང་ལས་ལོ་ཏོག་ས་བོན་ཞིབ་བཤེར་གཏན་འཁེབས་ཨུ་ཡོན་ལྷན་ཁང་གིས་ཞིབ་བཤེར་གཏན་འཁེབས་བྱས་ཏེ་མིང་དུ"མཚོ་སྔོན་འདྲེས་སྐྱེ་ཨང 7པ"ཞེས་གཏན་ཁེལ་མཛད། ཞིབ་བཤེར་གཏན་འཁེབས་ཀྱི་ཨང་གྲངས་ནི་མཚོ་སྔོན་ཞིབ་གཏན་པད་ཁ 2009001ཡིན། 2011ལོར་རྒྱལ་ཁབ་ཞིང་ལས་ལོ་

ཧོག་ས་བོན་ཞིབ་བཤེར་གཏན་འབེབས་ཨུ་ཡོན་ལྷན་ཁང་གིས་ཞིབ་བཤེར་གཏན་འབེབས་བྱས་ཏེ་མིང་དུ"མཚོ་སྔོན་འདྲེས་སྡེབ་ཨང 7པ"ཞེས་གཏན་ཁེལ་མཛད། ཞིབ་བཤེར་གཏན་འབེབས་ཀྱི་ཨང་གྲངས་ནི་རྒྱལ་ཁབ་ཞིབ་གཏན་པད་ཁ 2011030 ཡིན།

(གཉིས)ཁྱད་རྟགས་ཁྱད་གཤིས།

པད་ལོག་དབྱིབས་ཀྱི་དབྱེད་གཤིས་ཅན་གྱི་ཕྲ་ཕུང་སྤྱིན་གཟུགས་པོ་གཤིས་སྲུམ་མེད་རྒྱུད་གསུམ་གྱི་འདྲེས་སྡེབ་ས་བོན་ཡིན། མཚོ་སྔོན་ཞིང་ཆེན་གྱི་མཚོ་ངོས་ལས་མཐོ་ཚད་སྨིད 2800ཡས་མས་ས་ཁོངས་སུ་ཡོངས་སུ་སྐྱེ་འཚར་འབྱུང་བའི་དུས་ཡུན་ཉིན 128ཡིན། སྦུ་གུ་ཅུང་དྲང་མོར་ལངས་པ། བསྐྱམས་སྡོང་གི་ལོ་མའི་ཐོག་ངོས་གསས་པ། མདོག་ལྗང་ཁུ། ལོ་མའི་རྒྱུ་རྩ་མདོག་དཀར་པོ། ལོ་མའི་ཡུ་བ་རིང་པོ། ལོ་མའི་མཐའ་སོག་ཁའི་དབྱིབས། ཕྲ་ཚིལ་གྱི་ཕྱེ་ཞུང་བ། སྡོང་ཡུའི་ལོ་མ་མདོག་ལྗང་ཁུ་དང་ཁབ་དབྱིབས། སྡོང་རྐང་ཕྱེད་བཏུམས་པ། ལོ་མར་ཕྲ་སྤུ་མེད། མེ་ཏོག་སེར་པོ། ས་བོན་མདོག་ཁམ་ནག་ཡིན། སྡོང་རྐང་གི་མཐོ་ཚད་ལ་ལི་སྨིད 136.5ཡོད། ཐེངས་དང་པོའི་ནུས་ལྡན་ཡལ་ག 4.1ཡོད། སྡོང་རྐང་གཅིག་གི་ནུས་ལྡན་ར་འབྲས་ཀྱི་གྲངས་ཀ 139.1ཡོད་ལ། ར་འབྲས་རེའི་འབྲུ་རྡོག་གི་གྲངས་ཀ་ནི 28.3དང་། འབྲུ་རྡོག་སྟོང་རེའི་ལྗིད་ཚད་ཁེ 3.81ཡོད། གཞན་སྲིན་གཙོང་ནད་ཀྱི་འབྱུང་ཚད 13.07%དང་ནད་ཀྱི་སྣོན་གྲངས 3.13%ཡིན་པ་རེད། ཞིང་ལས་ཕྱུའུ་ཡི་སྣུམ་རྒྱུ་དང་བཟོས་རྫས་རྒྱུ་སྲུས་ལྟ་སྐྱལ་ཞིབ་བཤེར་ཚད་ལེན་ལྟེ་གནས་ཀྱིས་ཞིབ་དཔྱད་ཚད་ལེན་བྱས་པ་ལྟར་ན། ཆ་སྙོམས་ཅེ་སོན་འདུས་ཚད 0.4%དང་འབབ་ཆ་འབབ་སྙིགས་ནང་ལིའུ་གན་འདུས་ཚད་ཕྲེ་མའོ་ཨར 19.25/ཁེ་དང་། སྣུམ་འདུས་ཚད 48.18%ཡིན་པ་རེད།

(གསུམ)ཐོན་ཚད་ཀྱི་མངོན་ཚུལ།

2009ལོར་དཔྱིད་འདེབས་པད་ཁའི་མཚོ་ངོས་མཐོ་ཚད་མཐོ་བ་དང་འཕྲེད་ཐིག་མཐོ་བའི་ས་ཁུལ་གྱི་སྤྱ་སྨིན་ཚོ་སྐར་གྱི་ས་ཁོངས་ཚོད་ལྟ་ཁྲིད་ཞུགས་ཏེ། ཆ་སྙོམས་མུའུ་རེའི་ཐོན་ཚད་སྟོང་ཁ་186.9བླངས་ཤིང་། མཚོ་སྟོན་འདྲེས་སྡེབ་ཨང་3པ་དང་བསྡུར་ན་9.0%ཐོན་འཕར་བྱུང་། 2010ལོར་རྒྱུན་མཐུད་ཚོད་ལྟ་བྱས་ཏེ་ཆ་སྙོམས་མུའུ་རེའི་ཐོན་ཚད་སྟོང་ཁ་220.3ཡིན་ཞིང་། བསྡུར་གྲངས་9.4%ཐོན་འཕར་བྱུང་། ལོ་གཉིས་ཀྱི་ཆ་སྙོམས་མུའུ་རེའི་ཐོན་ཚད་སྟོང་ཁ་203.6ཐོབ་ཅིང་། བསྡུར་གྲངས་9.2%ཐོན་འཕར་བྱུང་། དེའི་ཁྲོད་2010ལོར་ཐོན་སྐྱེད་ཚོད་ལྟ་བྱས་པར་ཆ་སྙོམས་མུའུ་རེའི་ཐོན་ཚད་སྟོང་ཁ་217.5ཡིན། བསྡུར་གྲངས་8.9%ཐོན་འཕར་བྱུང་ཡོད། མཚོ་སྟོན་འདྲེས་སྡེབ་ཨང་7པ་ནི་མིག་སྔར་དཔྱིད་འདེབས་པད་ཁ་ཐོན་ཁུལ་ཡོངས་སུ་གཙོ་བོར་ཁྱབ་སྤེལ་བྱེད་པའི་སྤྱ་སྨིན་པད་ལོག་དབྱིབས་ཀྱི་པད་ཁའི་ས་བོན་ཡིན་ཞིང་། བསྟུད་མར་ལོ་2ལ(2013~2014ལོ)ཞིང་ལས་པུའུ་ཡིས་རྒྱལ་ཡོངས་པད་ཁའི་གཙོ་ཁྲིད་ས་བོན་ལ་གཏན་ཁེལ་མཛད་པ་དང་། ལོ་རེའི་འདེབས་འཛུགས་རྒྱ་ཁྱོན་ཕལ་ཆེར་མུའུ་ཁྲི་60ཡིན།

(བཞི)འདེབས་གསོའི་ལག་རྩལ་གྱི་གནད་འགག

1.ཟླ་4པའི་ཟླ་མགོ་ནས་ཟླ་5པའི་ཟླ་སྟོད་དུ་འདེབས་དགོས་ཤིང་། རོལ་འདེབས་བྱེད་པར་འཚམ། འདེབས་པའི་ཟབ་ཚད་ལི་སྨིད་3~4ཡིན། མུའུ་རེའི་འདེབས་ཚད་སྟོང་ཁ་0.4~0.5ཡིན། མུའུ་རེའི་ལྡང་པ་ཁག་ཐིག་ཚད་ཀང་30000~35000ཡིན།

2.གཏིང་ལུད་དུ་མུའུ་རེར་ལིན་སྐྱུར་ཨན་གཉིས་སྟོང་ཁ་20དང་གཅིན་རྒྱུ་སྟོང་ཁ་3~5འཇོག་དགོས། ལོ་མ་4~5ཡི་ལོ་མའི་དུས་མུའུ་རེར་སྟེང་ལུད་གཅིན་

རྒྱུ་སྟོང་ཁེ 3~5རྒྱག་དགོས།

3.དུས་ཐོག་ཏུ་སྨྱུ་གུ་མཐུག་སེལ་བྱེད་པ་དང་སོར་འཛོག་སྨྱུ་གུ་གཏན་ཁེལ་བྱེད་པ། ཆུ་གཏོང་བ་བཅས་བྱེད་དགོས།

4.སྨྱུ་གུའི་དུས་ལྗིང་སྐྱུར་དང་འབུ་འཛོང་རིང་ལ་མཉམ་འཛོག་བྱེད་པ་དང་། མེ་ཏོག་དང་རྣ་འབྲས་ཀྱི་དུས་མེ་ལྕེབ་འབུ་ཕྲུག་དང་སྐྱེ་དངོས་གནོད་འབུ། རྣ་འབྲས་ཀྱི་ཞིང་འབུ། གཉན་སྲིན་གཙོང་ནད་བཅས་ཀྱི་གནོད་པ་འགོག་བཅོས་བྱེད་པར་མཉམ་འཛོག་དགོས།

(ལྔ)འདེབས་འཛུགས་བྱེད་པར་འཚམ་པའི་ས་ཁུལ།

མཚོ་སྔོན་དང་ཀན་སུའུ། ནང་སོག ཞིན་ཅང་སོགས་ཞིང་ལྷོངས་ཀྱི་མཚོ་ངོས་ལས་མཐོ་ཚད་མཐོ་བ་དང་འཁྱེད་ཐིག་མཐོ་བའི་དཔྱིད་འདེབས་པད་ཁའི་ཐོན་ཁུལ་གཙོ་བོའི་ཁུལ་དུ་འདེབས་འཛུགས་བྱེད་པར་འཚམ། (རི་མོ 4–8 དང་རི་མོ 4–9)

རི་མོ 4–8 མཚོ་སྔོན་འདྲེས་སྡེབ་ཨང 7པ་རི་མ་ས་ཁུལ་དུ་རྒྱ་ཁྱོན་ཆེན་པོས་འདེབས་འཛུགས་བྱེད་པ།

རི་མོ 4–9 མཚོ་སྔོན་འདྲེས་སྡེབ་ཨང 7 པའི་ས་ཁོངས་ཚོད་ལྟའི་སྐྱེ་སྣང་ས།

བདུན། མཚོ་སྔོན་འདྲེས་སྣེབ་ཨང 8པ།

（གཅིག）ས་བོན་གྱི་ཡོང་ཁུངས།

མཚོ་སྔོན་ཞིང་ཆེན་ཞིང་ནགས་ཚན་རིག་གླིང་དཔྱད་འདེབས་པད་ཁ་ཞིབ་འཇུག་སའི་ཡིས་ཟུང་དམའ་ཤིན་ཏུ་སྔ་སྨིན་པད་ལོག་དབྱེབས་ཀྱི་རྒྱུ་ཆ་དང་པོ་ལི་མ་ཕྲ་ཕུང་སྨིན་གཟུགས་པོ་གཤིས་སྨྲུམ་མེད་རྒྱུད་བཀོལ་ནས་ཚོད་ལེན་འདྲེས་སྣེབ་བྱས་ཏེ་སྨྲུམ་མེད་རྒྱུད་དང་སླར་གསོ་རྒྱུད་འདེམས་གསོ་བྱུང་ཞིང་། 380A×187Rསྣེབ་སྒྲིག་བྱས། 2011ལོའི་ཟླ་12པར་མཚོ་སྔོན་ཞིང་ཆེན་ཞིང་ལས་ལོ་ཏོག་ས་བོན་ཞིབ་བཤེར་གཏན་འབེབས་ཨུ་ཡོན་ལྷན་ཁང་གིས་ཞིབ་བཤེར་གཏན་འབེབས་བྱས་པ་བརྒྱུད། ས་བོན་གྱི་ཞིབ་བཤེར་གཏན་འབེབས་ཨང་རྟགས་ནི། མཚོ་སྔོན་ཞིབ་གཏན་པད་ཁ 2011001ཡིན།

（གཉིས）ཁྱད་རྟགས་ཁྱད་གཤིས།

མཚོ་སྔོན་ཞིང་ཆེན་གྱི་མཚོ་ངོས་ལས་མཐོ་ཚད་སྨིད 2900ཡས་མས་ས་ཁོངས་སུ་ཡོངས་སུ་སྐྱེ་འཚར་འབྱུང་བའི་དུས་ཡུན་ཉིན 118ཡིན། སྐྱེ་རྟེན་ལོ་མ་སྙིང་དབྱིབས། སྡོང་ཕྲུག་ཙུང་སྨུག་མདོག སྙིང་དབྱིབས་ལོ་མ་ལྗང་ཁུ། བ་སྤུ་མེད། སྡོང་ཡུ་ཐོན་པའི་སྔོན་དུ་ཙུང་དྲང་མོར་ལངས་ཏེ་སྐྱེས་པ། བསྐུམས་སྡོང་གི་ལོ་མའི་ཐོག་ངོས་གསལ་པ་དང་མདོག་ལྗང་ཁུ། ལོ་མའི་རྒྱུ་རྩ་དཀར་པོ། ལོ་མའི་ཡུ་བ་རིང་པོ། ལོ་མའི་མཐའ་རྣབས་དབྱིབས། པྲ་ཚོས་ཀྱི་ཕྱེ་ཤུང་བ་ཡིན། སྡོང་ཡུའི་ལོ་མ་ལྗང་ཁུ་དང་ཁབ་དབྱིབས། སྡོང་རྐང་ཕྱེད་བཏུམས་པ། སྡོང་རྐང་གཅིག་གི་གཞུང་རྐང་སྟེང་གི་ལྗང་མདོག་ལོ་མའི་གྲངས་ཀ 11.00དང་ཆེས་ཆེ་བའི་ལོ་མའི་རིང་ཚད་ལ་ལི་སྨིད 25.40ཡོད། ཞེང་ཚད་ལ་ལི་སྨིད 6.60ཡིན། སྡོང་རྐང་ཕྲུགས་མའི་དབྱིབས་ཡལ་ག་སྙོམས་པོར་སྐྱེས་ཡོད། སྡོང་རྐང་གི་མཐོ་ཚད་ལ་ལི་སྨིད 145.36དང་ཟུས་ལྷན་ཡལ་གའི་གནས་ལ་ལི་སྨིད 27.62ཡོད།

ཐེངས་དང་པོའི་ནུས་ལྡན་ཡལ་ག 3.13དང་ཐེངས་གཉིས་པའི་ཡལ་ག 1.75ཡོད། མེ་ཏོག་སེར་པོ། མེ་ཏོག་གི་འདབ་མ་འཛོང་དབྱིབས་དང་གཞོགས་གཉིས་བསྡོལ་བརྩེགས་སུ་ཡོད་པ། སྙེམས་པོར་བརྒྱངས་ཡོད། སྨིན་པའི་རྣ་འབྲས་ལྷོང་སེར་དང་བསེགས་ཏེ་སྐྱེས་པ། རྣ་འབྲས་ཀྱི་རིང་ཚད་ལ་ལི་སྨིད 6.73ཡོད། རྣ་འབྲས་རེའི་འབྲུ་རྡོག་གི་གྲངས་ཀ 23.54ཡོད། འབྲུ་རྡོག་གི་ཚོགས་ཅུང་མངོན་གསལ་ཡིན། སྡོང་རྐང་རྒྱུང་པ་རེའི་ནུས་ལྡན་རྣ་འབྲས་ཀྱི་གྲངས་ཀ 165.52ཡོད། མེ་ཏོག་གི་བང་རིམ་གཙོ་བོའི་རིང་ཚད་ལི་སྨིད 56.18ཡོད། མེ་ཏོག་བང་རིམ་གཙོ་བོར་ནུས་ལྡན་རྣ་འབྲས 55.50ཡོད། ས་བོན་ཁམ་ནག་དང་ཟླུམ་རིལ་དབྱིབས། སོན་ཕྲུགས་འཇམ་པོ་ཡིན། སྡོང་རྐང་རྒྱུང་པ་རེའི་ཐོན་ཚད་ཁེ 6.62ཡིན། འབྲུ་རྡོག་སྟོང་རེའི་ལྗིད་ཚད་ཁེ 3.61ཡིན། ཤོང་ཚད་ཀྱི་ལྗིད་ཚད་ཁེ 710.00/ཧྲིན་ཡིན། དཔལ་འཁོར་གྱི་བཏགས་གྲངས 0.28 ~0.30ཡིན། འབྲུ་རྡོག་ནང་སྙུམ་འདུས་ཚད 44.00% ~48.00%དང་སྙུམ་ཟས་ནང་ཙེ་སོན་འདུས་ཚད 0.18%~0.20%ཡིན་ལ། འབབ་ཆ་འབབ་སྐྱོགས་ནང་ཞིའུ་ཏའི་རྒྱུན་འབྱུམ་ཏྭགས་ཏའི་འདུས་ཚད་ཕེ་མའོ་ཨར 36.00 ~38.00/ཁེ་ཡིན། གྲང་ངར་བསྲན་པའི་ནུས་པ་ཅུང་དྲག ཐན་པ་འགོག་པའི་ནུས་པ་འབྲིང་། ཉལ་བ་འགོག་པའི་རང་བཞིན་ཅུང་དྲག གཉན་སྲིན་གཙོང་ནད་ཡང་མོ་འགོ་བ་ཡིན།

(གསུམ) ཐོན་ཚད་ཀྱི་མངོན་ཚུལ།

སྤྱིར་བཏང་གི་ས་རྒྱུའི་གཤིན་ཚད་ཀྱི་ཆ་རྐྱེན་འོག་ཐོན་ཚད་སྟོང་ཁེ 150.00~200.00/མུ་དང་། ཅུང་མཐོ་བའི་ས་རྒྱུའི་གཤིན་ཚད་ཀྱི་ཆ་རྐྱེན་འོག་ཐོན་ཚད་སྟོང་ཁེ 220.00~240.00/མུ་ཡིན། མཚོ་སྔོན་ཞིང་ཆེན་གྱི་མཚོ་ངོས་ལས་མཐོ་ཚད་སྨིད 2900ཡན་དང་ལོའི་ཆ་སྙོམས་དྲོད་ཚད 0.5℃ཡན་གྱི་འབྲིང་དང་མཐོ་གནས་ཀྱི་ཞིང་རི་མ་དང་མཐོ་གནས་ཀྱི་ཞིང་ཆུ་མར་འདེབས་འཛུགས

བྱེད་པར་འཚམ།

(བཞི)འདེབས་གསོའི་ལག་རྩལ་གྱི་གནད་འགག

ས་རྒྱུ་སོབ་སོབ་དང་ས་རྒྱུའི་གཤིན་ཚད་འབྲིང་གོང་ཡིན་དགོས། འདེབས་དུས་ནི་ཟླ་4བའི་ཟླ་སྨད་ནས་ཟླ་5བའི་ཟླ་མགོ་ཡིན། འཕྲུལ་ཆས་ཀྱིས་རོལ········ འདེབས་བྱེད་པ། འདེབས་ཚད་སྟོང་ཁེ་0.60~0.75/མུའུ་དང་། འདེབས་པའི་ཟབ་ཚད་ལི་སྨིད་3.00~4.00ཡིན། ཕྲེང་སྟར་གྱི་བར་ཐག་ལི་སྨིད་12.00~15.00དང་སྡུག་ཀང་གི་བར་ཐག་ལི་སྨིད་10.00~12.00ཡིན་ལ། མུའུ་རེའི་ལྡང་པ་ཁག་ཐེག་བྱེད་ཚད་ཁང་ཁྲི་5.00~ཁྲི་6.00/མུའུ་ཡིན། གཏིང་ལུད་ལ་ཏན་རྒྱང་སྟོང་ཁེ་4.60/མུའུ་དང་། ལིན་རྒྱང་སྟོང་ཁེ་2.67/མུའུ་འཇོག་དགོས་ལ། སྟེང་ལུད་ཏན་རྒྱང་སྟོང་ཁེ་4.60/མུའུ་རྒྱག་དགོས། སྨྱུ་གུ་ཐོན་པའི་དུས་སྐབས་ལྷིང་སྲུར་དང་འབུ་འཇོང་རིང་ལ་མཉམ་འཇོག་བྱེད་པ་དང་ལོ་མ་4~5ཡི་སྐབས་དུས་ཐོག་ཏུ་མཐུག་སེལ་བྱེད་པ་མ་ཟད་ད་དུང་སྟེང་ལུད་རྒྱག་དགོས། ན་འབྲས་ཀྱི་དུས་ན་འབྲས་ཀྱི་ཞིང་འབུ་ཡི་གནོད་པ་འགོག་བཅོས་ལ་མཉམ་འཇོག་དགོས···· ཤིང་། དུས་ལྟར་སྲུང་དགོས།

(ལྔ)འདེབས་འཛུགས་བྱེད་པར་འཚམ་པའི་ས་ཁུལ།

མཚོ་སྔོན་དང་ཀན་སུའུ། ནང་སོག ཞིན་ཅང་སོགས་ཞིང་ལྗོངས་ཀྱི·· མཚོ་ངོས་ལས་མཐོ་ཚད་མཐོ་བ་དང་འཕྲེད་ཐིག་མཐོ་བའི་དཔྱིད་འདེབས་པད····· ཁའི་ཐོན་ཁུལ་གཙོ་བོའི་ཁུལ་དུ་འདེབས་འཛུགས་བྱེད་པར་འཚམ།

བརྒྱད། མཚོ་སྔོན་འདྲེས་སྦྱེབ་ཨང 9བ།

(གཅིག)ས་བོན་གྱི་ཡོང་ཁུངས།

མཚོ་སྔོན་ཞིང་ཆེན་ཞིང་ནགས་ཚན་རིག་གླིང་དཔྱིད་འདེབས་པད་ཁ······ ཞིབ་འཇུག་སྡེ་ཡིས་པད་ལོག་དབྱིབས་དཔྱིད་གཤིས་ཅན་གྱི་པོ་ལི་མ་ཕྲ་ཕུང·······

སྤྱིན་གཟུགས་པོ་གཞིས་སྦྲུམ་མེད་རྒྱུད་གསུམ་འདྲེས་སྡེབ་བྱས་པའི་ས་བོན་ཡིན། ཞིབ་བཤེར་གཏན་འབེབས་ཀྱི་ཨང་རྟགས་ནི། རྒྱལ་ཁབ་ཞིབ་གཏན་པད་ཁ 2013023ཡིན།

(གཉིས)ཁྱད་རྟགས་ཁྱད་གཤིས།

ཡོངས་སུ་སྐྱེ་འཚར་འབྱུང་བའི་དུས་ཡུན་ཉིན 131ཡིན། མཚོ་སྔོན་འདྲེས་སྡེབ་ཨང 5པ་ལས་ཉིན 3ཀྱིས་སྨིན་སྔ་བ་ཡིན། སྦྱུ་གུ་རུང་དྲང་མོར་ལངས་པ། སོ་མའི་མདོག་ལྗང་ནག་ཡིན། གསར་པའི་སོ་མ་ཆ 2~3ཡོད། སོ་མའི་མཐའ་རླབས་དབྱིབས། ཕྲ་ཚིལ་གྱི་ཕྱེ་ཞུང་བ། གྲ་སྤུ་མེད། མེ་ཏོག་གི་འདབ་མ་སེར་པོ། འདབ་མའི་གཞོགས་གཉིས་བསྡོལ་བརྩེགས་སུ་ཡོད། སྡོང་ཀང་གི་མཐོ་ཚད་ལ་ལི་སྨིད 167.0ཡོད། ཡལ་ག་ཆ་སྙོམས་པོར་སྐྱེས་པའི་རིགས་ཡིན། ཐེངས་དང་པོའི་ནུས་ལྡན་ཡལ་ག 4.65ཡོད། སྡོང་ཀང་གཅིག་གི་ནུས་ལྡན་ཟ་འབྲས་ཀྱི་གྲངས་ཀ 214.5ཡོད་ལ། ཟ་འབྲས་རེའི་འབྲུ་ཏོག་གི་གྲངས་ཀ་ནི 26.7དང་། འབྲུ་ཏོག་སྟོང་རེའི་ལྗིད་ཚད་ཁེ 3.75ཡོད། གཉན་སྲིན་གཙོང་ནད་ཀྱི་འབྱུང་ཚད 19.07%དང་ནད་ཀྱི་སྟོན་གྲངས 10.30%ཡིན་པ་རེད། གཉན་སྲིན་གཙོང་ནད་འགོ་བ་དམའ། ཉལ་བ་འགོག་པའི་རང་བཞིན་འཕྲིང་། འབྲུ་ཏོག་གི་སྣུམ་འདུས་ཚད 46.98%དང་ཅེ་སོན་འདུས་ཚད 0.00%ཡིན། འབའ་ཆ་འབའ་སྙིགས་ནང་ལིའུ་ཀན་འདུས་ཚད་ཕྲེ་མའོ་ཨར 22.97/ཁེ་ཡིན་པ་རེད།

(གསུམ)ཐོན་ཚད་ཀྱི་མངོན་ཚུལ།

2011ལོར་དབྱིད་འདེབས་པད་ཁ་འཕྱི་སྨིན་ཚོ་སྐོར་ས་བོན་གྱི་ས་ཁོངས་ཚོད་ལྟ་ཁྲིད། ཆ་སྙོམས་མུའུ་རེའི་སྣུམ་ཐོན་ཚད་སྟོང་ཁེ 130.1ཡིན་ཞིང་། མཚོ་སྔོན་འདྲེས་སྡེབ་ཨང 5བ་དང་བསྡུར་ན 9.4%ཐོན་འཕར་བྱུང་ཡོད། 2012ལོར་རྒྱུན་མཐུད་ཚོད་ལྟ་བྱས་ཏེ་ཆ་སྙོམས་མུའུ་རེའི་སྣུམ་ཐོན་ཚད་སྟོང་ཁེ 120.4

ཡིན་ཞིང་། བསྡུར་གྲངས་12.1%ཐོན་འཕར་བྱུང་། ལོ་གཉིས་ཀྱི་ཆ་སྙོམས་མུའུ་རེའི་སྣུམ་ཐོན་ཚད་སྟོང་ཁེ་125.3ཡིན་ཞིང་། བསྡུར་གྲངས་10.7%ཐོན་འཕར་བྱུང་། 2012ལོར་ཐོན་སྐྱེད་ཚོད་ལྟ་བྱས་པར་ཆ་སྙོམས་མུའུ་རེའི་སྣུམ་ཐོན་ཚད་སྟོང་ཁེ་87.98ཡིན། མཚོ་སྔོན་འདྲེས་སྲེབ་ཨང་5པ་དང་བསྡུར་ན་14.2%ཐོན་འཕར་བྱུང་ཡོད།

(བཞི)འདེབས་གསོའི་ལག་རྩལ་གྱི་གནད་འགག

1.དུས་དང་འཚམ་པར་སྔ་འདེབས་བྱེད་ཅིང་། མཚོ་སྔོན་དང་ཀན་སུའུ་ཞིང་ཆེན་དུ་ཟླ་3པའི་ཟླ་སྨད་ནས་ཟླ་4བའི་ཟླ་དཀྱིལ་དུ་འདེབས་དགོས་ཤིང་། ནང་སོག་དང་ཞིན་ཅང་སོགས་རང་སྐྱོང་ལྗོངས་སུ་ཟླ་4བའི་ཟླ་དཀྱིལ་ནས་ཟླ་5བའི་ཟླ་དཀྱིལ་དུ་འདེབས་དགོས་ལ། རོལ་འདེབས་བྱེད་དགོས། འདེབས་པའི་ཟབ་ཚད་ལི་སྨིད3~4ཡིན། མུའུ་རེའི་འདེབས་ཚད་སྟོང་ཁེ0.35~0.5ཡིན།

2.མུའུ་རེར་འདེབས་པའི་མཐུག་ཚད་ནི། མཚོ་སྔོན་དང་ཀན་སུའུ་ཞིང་ཆེན་དུ་ཀང་15 000~25 000དང་། ནང་སོག་དང་ཞིན་ཅང་སོགས་རང་སྐྱོང་ལྗོངས་སུ་ཀང་35 000~50 000ཡིན།

3.མུའུ་རེར་ལིན་སྐྱུར་ཨན་གཉིས་སྟོང་ཁེ20དང་། གཅིན་རྒྱུ་སྟོང་ཁེ10~13རྒྱག་དགོས།

4.ཉིང་སྨུར་དང་འབུ་འཛོང་རིང་། མེ་ལྕེབ་འབུ་ཕྲུག ན་འབྲས་ཀྱི་ཞིང་འབུ་སོགས་ནད་དང་འབུ་ཡི་གནོད་སྐྱོན་ལ་མཉམ་འཛོག་དགོས།

(ལྔ)འདེབས་འཛུགས་བྱེད་པར་འཚམ་པའི་ས་ཁུལ།

ཀན་སུའུ་དང་མཚོ་སྔོན་ཞིང་ཆེན་གྱི་མཚོ་ངོས་ལས་མཐོ་ཚད་དམའ་བའི་ཁུལ་དང་། ནང་སོག་དང་ཞིན་ཅང་སོགས་རང་སྐྱོང་ལྗོངས་ཀྱི་དབྱིད་འདེབས་པད་ཁ་ཁུལ་དུ་འདེབས་འཛུགས་བྱེད་པར་འཚམ།

དགུ། མཚོ་སྔོན་འདྲེས་སྐེབ་ཨང 10བ།

(གཅིག)ས་བོན་གྱི་ཡོང་ཁུངས།

མཚོ་སྔོན་ཞིང་ཆེན་ཞིང་ནགས་ཚན་རིག་གླིང་དཔྱད་འདེབས་པད་ཁ ཞིབ་འཇུག་སའི་ཡི་པད་ལོག་དབྱིབས་ཀྱི་ཕྲ་ཕུང་སྨིན་གཟུགས་ཕོ་གཉིས་སྦྲམ་མེད་རྒྱུད་གསུམ་འདྲེས་སྐེབ་ས་བོན་ཡིན། ཞིབ་བཤེར་གཏན་འབེབས་ཀྱི་ཨང་རྟགས་ནི། རྒྱལ་ཁབ་ཞིབ་གཏན་པད་ཁ 2012014ཡིན།

(གཉིས)ཁྱད་རྟགས་ཁྱད་གཤིས།

ཡོངས་སུ་སྐྱེ་འཚར་འབྱུང་བའི་དུས་ཡུན་ཉིན 185.4ཡིན། སྦུ་གུ་རྩུང་ངང་མོར་ལངས་པ། བསྐུམས་སྡོང་གི་ལོ་མའི་ཐོག་ངོས་གསལ་པ་དང་མདོག་ལྗང་ཁུ། ལོ་མའི་རྒྱ་རྩ་དཀར་པོ། ལོ་མའི་ཡུ་བ་རིང་། ལོ་མའི་མཐའ་ཁ་ན་སོག་ཁའི་དབྱིབས་ལྡན། ཕྲ་ཚིལ་གྱི་ཕྱེ་ཞུང་བ། སྡོང་ཡུའི་ལོ་མ་མདོག་ལྗང་ཁུ་དང་ཁབ་དབྱིབས། སྡོང་རྐང་ཕྱེད་བཏུམས་པ། ལོ་མར་ཕྲ་སྤུ་མེད། མེ་ཏོག་སེར་པོ། འབྲུ་རྡོག་ཁམ་ནག་ཡིན། སྡོང་རྐང་གི་མཐོ་ཚད་ལ་ལི་སྨིད 168.8ཡོད། ཐེངས་དང་པོའི་ནུས་ལྡན་ཡལ་ག 5.62ཡོད། སྡོང་རྐང་གཅིག་གི་ནུས་ལྡན་ར་འབྲས་ཀྱི་གྲངས་ཀ 212.0ཡོད་ལ། ར་འབྲས་རེའི་འབྲུ་རྡོག་གི་གྲངས་ཀ་ནི 20.08དང་། འབྲུ་རྡོག་སྟོང་རེའི་ལྗིད་ཚད་ཁེ 3.43ཡོད། གཉན་སྲིན་གཙོང་ནད་ཀྱི་འབྱུང་ཚད 4.81%དང་ནད་ཀྱི་སྟོན་གྲངས 3.45%ཡིན་པ་རེད། གཉན་སྲིན་དུག་ནད་ཀྱི་འབྱུང་ཚད་དང་ནད་ཀྱི་སྟོན་གྲངས་ཚང་མ 0ཡིན། གཉན་སྲིན་གཙོང་ནད་འགོ་བ་འབྲིང་། ཉལ་བ་འགོག་པའི་རང་བཞིན་དྲག ཙི་སྣོན་འདུས་ཚད 0.15%དང་འབབ་ཆ་འབབ་སླིགས་ནང་ལིའུ་ཀན་འདུས་ཚད་ཕྱེ་མའོ་ཨར 20.55/ཁེ་ཡིན་ཞིང་། སྣུམ་འདུས་ཚད 41.51%ཡིན།

(གསུམ)ཐོན་ཚད་ཀྱི་མངོན་ཚུལ།

2010 ~2011ལོར་རྒྱལ་ཁབ་དགུན་འདེབས་པད་ཁ་སྔོ་སྨིན་ཚོ་སྐོར་གྱི་ས་ཁོངས་ཚོད་ལྟ་ཁྲིད་ཞུགས་ཏེ། ཆ་སྙོམས་མུའུ་རེའི་སྤྱུམ་ཐོན་ཚད་སྟོང་ཁ་118.8ཡིན་པ་རེད། 2011~2012ལོར་རྒྱུན་མཐུད་ཚོད་ལྟ་བྱས་ཏེ་ཆ་སྙོམས་མུའུ་རེའི་ཐོན་ཚད་སྟོང་ཁ་168.1ཡིན་ཞིང་། ལོ་གཉིས་ཀྱི་ཆ་སྙོམས་མུའུ་རེའི་ཐོན་ཚད་སྟོང་ཁ་143.4ཡིན་པ་རེད། 2011 ~2012ལོར་ཐོན་སྐྱེད་ཚོད་ལྟ་བྱས་པར་ཆ་སྙོམས་མུའུ་རེའི་ཐོན་ཚད་སྟོང་ཁ་115.3ཡིན།

(བཞི)འདེབས་གསོའི་ལག་རྩལ་གྱི་གནད་འགག

1.འདེབས་དུས་ཟླ་10པའི་ཟླ་སྨད་ནས་ཟླ་11པའི་ཟླ་སྟོད་དུ་འདེབས་དགོས་ཤིང་། མུའུ་རེའི་འདེབས་ཚད་སྟོང་ཁ་0.25~0.30ཡིན། མུའུ་རེའི་སྡུག་ཚད་ཀྱང་15000~25000ཡིན།

2.ཏན་ལུད་དང་ལིན་ལུད། ཟླ་ལུད་བཅས་དོ་མཉམ་སྦྲེས་འཛོག་པ་དང་། གཏིང་ལུད་འདང་ངེས་སུ་འཛོག་པ། སྟེང་ལུད་སྔོ་མོ་ནས་བརྒྱབ་སྟེ་སྐྱེ་སྟོབས་དང་ལྡན་པའི་སྨྱུ་གུ་འདེབས་གསོ་བྱེད་པ་བཅས་ག་ཙིགས་སུ་འཛིན་དགོས་ཤིང་། མུའུ་རེར་པོན་བྱེ་མ་སྟོང་ཁ་1.0~1.5བཀོལ་ནས་ཆང་ལུད་བྱེད་དགོས།

3.སྔོ་མོ་ནས་སྨྱུ་གུ་ཆ་སྙོམས་པོ་བཟོ་བ་དང་སྔོ་མོ་ནས་སོར་འཛོག་སྨྱུ་གུ་གཏན་ཁེལ་བྱེད་པ། དུས་ཐོག་ཏུ་གསེང་སྐྱོད་ཡུར་རྒྱག་བྱེད་དགོས།

4.ནམ་ནད་དཀར་པོ་དང་སྐྲ་འབུ་ལྷང་ནག སྐྱི་དངོས་གནོད་འབུ། གཉན་སྲིན་གཙང་ནད་སོགས་ནད་དང་འབུ་ཡི་གནོད་སྐྱོན་འགོག་བཅོས་བྱེད་པར་མཉམ་འཛོག་དགོས།

(ལྔ)འདེབས་འཛུགས་བྱེད་པར་འཚམ་པའི་ས་ཁུལ།

ཅང་ཞིའི་ལྷོ་རྒྱུད་དང་ཧུའུ་ནན་གྱི་ལྷོ་རྒྱུད། ཀོང་ཞིའི་བྱང་རྒྱུད། ཧྥུ་ཅན་གྱི་བྱང་རྒྱུད། ཀུའེ་ཀྲོའུ་ཡི་ནུབ་རྒྱུད། ཡུན་ནན་གྱི་ཤར་རྒྱུད་བཅས་སུ་སྔོ

སྨིན་ས་བོན་བྱས་ཏེ་འདེབས་འཛུགས་བྱེད་པར་འཚམ།

བཅུ། མཚོ་སྔོན་འདྲེས་སྡེབ་ཨང་11པ།

(གཅིག)ས་བོན་གྱི་ཡོང་ཁུངས།

མཚོ་སྔོན་ཞིང་ཆེན་ཞིང་ནགས་ཚན་རིག་སླིང་དཔྱིད་འདེབས་པད་ཁ་ཞིབ་འཇུག་སའོ་ཡིས་པད་སོག་དབྱིབས་དཔྱིད་གཤིས་ཅན་གྱི་པོ་ལི་མ་ཕྲ་ཕུང་སྨིན་གཟུགས་པོ་གཤིས་སྨུམ་མེད་རྒྱུད་གསུམ་འདྲེས་སྡེབ་བྱས་པའི་ས་བོན་ཡིན། ཞིབ་བཤེར་གཏན་འབེབས་ཀྱི་ཨང་རྟགས་ནི། རྒྱལ་ཁབ་ཞིབ་གཏན་པད་ཁ 2012015 ཡིན།

(གཉིས)ཁྱད་རྟགས་ཁྱད་གཤིས།

ཡོངས་སུ་སྨྱི་འཚར་འབྱུང་བའི་དུས་ཡུན་ཉིན 95 ~140ཡིན། མཚོ་སྔོན་འདྲེས་སྡེབ་ཨང་2པ་དང་ཕལ་ཆེར་འདྲ་བ་ཡིན། སྦྱུ་གུ་ཅུང་དྲང་མོར་ལངས་པ། ལོ་མའི་མདོག་ལྗང་ནག་ཡིན། གསར་པའི་ལོ་མ་ཆ 2~3ཡོད། ལོ་མའི་མཐའ་རླབས་དབྱིབས། ཕྲ་ཚིལ་གྱི་ཕྱེ་ཉུང་བ། གྲ་སྤུ་མེད། མེ་ཏོག་གི་འདབ་མ་སེར་པོ། མེ་ཏོག་འདབ་མ་འཛོང་དབྱིབས། འདབ་མའི་གཞོགས་གཉིས་བསྡོལ་བརྩེགས་སུ་ཡོད། ཆ་སྙོམས་ཀྱིས་སྡོང་རྐང་གི་མཐོ་ཚད་ལ་ལི་སྨིད 178.5ཡོད། ཡལ་ག་ཆ་སྙོམས་པོར་སྐྱེས་པའི་རིགས་ཡིན། ཐེངས་དང་པོའི་ནུས་ལྡན་ཡལ་ག 5.19ཡོད། སྡོང་རྐང་གཅིག་གི་ནུས་ལྡན་ར་འབྲས་ཀྱི་གྲངས་ཀ 206.4ཡོད་ལ། ར་འབྲས་རེའི་འབྲུ་རྡོག་གི་གྲངས་ཀ་ནི 26.7དང་། འབྲུ་རྡོག་སྟོང་རེའི་ལྗིད་ཚད་ཁེ 3.82ཡོད། གཉན་སྲིན་གཙོང་ནད་ཞིང་ཁར་འབྱུང་ཚད 15.98%དང་ནད་ཀྱི་སྟོན་གྲངས 8.70%ཡིན་པ་རེད། གཉན་སྲིན་གཙོང་ནད་འགོ་བ་དམའ། ཉལ་བ་འགོག ཅི་སོན་གྱི་འདུས་ཚད 0.05%དང་འབབ་ཆ་འབབ་སྐྱེགས་ནང་ལིའུ་ཀན་འདུས་ཚད་ཕྲེ་མའོ་ཨར 19.51/ཁེ་ཡིན་ཞིང་།

སྤྱུམ་འདུས་ཚད 48.97%ཡིན།

(གསུམ)ཐོན་ཚད་ཀྱི་མངོན་ཚུལ།

2008ལོར་རྒྱལ་ཁབ་དབྱིད་འདེབས་པད་ཁ་འབྲི་སྨིན་ཚོ་སྐོར་གྱི་ས་ཁོངས་ཚོད་ལྟ་ཁྲོད་ཞུགས་ཏེ། ཆ་སྙོམས་མུའུ་རེའི་སྤྱུམ་ཐོན་ཚད་སྟོང་ཁེ 140.5ཡིན་ཞིང་། མཚོ་སྔོན་འདྲེས་སྐྱེབ་ཨང 2པ་དང་བསྡུར་ན 10.8%ཐོན་འཕར་བྱུང་ཡོད། 2009ལོར་རྒྱུན་མཐུད་ཚོད་ལྟ་བྱས་ཏེ་ཆ་སྙོམས་མུའུ་རེའི་སྤྱུམ་ཐོན་ཚད་སྟོང་ཁེ 125.6ཡིན་ཞིང་། མཚོ་སྔོན་འདྲེས་སྐྱེབ་ཨང 2པ་དང་བསྡུར་ན 9.0%ཐོན་འཕར་བྱུང་། ལོ་གཉིས་ཀྱི་ཆ་སྙོམས་མུའུ་རེའི་སྤྱུམ་ཐོན་ཚད་སྟོང་ཁེ 133.1ཡིན་ཞིང་། བསྡུར་གྲངས 9.9%ཐོན་འཕར་བྱུང་། 2009ལོར་ཐོན་སྐྱེད་ཚོད་ལྟ་བྱས་པར་ཆ་སྙོམས་མུའུ་རེའི་སྤྱུམ་ཐོན་ཚད་སྟོང་ཁེ 102.3ཡིན། མཚོ་སྔོན་འདྲེས་སྐྱེབ་ཨང 2པ་དང་བསྡུར་ན 10.1%ཐོན་འཕར་བྱུང་ཡོད།

(བཞི)འདེབས་གསོའི་ལག་རྩལ་གྱི་གནད་འགག

1.དུས་དང་འཚམ་པར་སྔ་འདེབས་བྱེད་ཅིང་། མཚོ་སྔོན་དང་ཀན་སུའུ་ཞིང་ཆེན་དུ་ཟླ 3པའི་ཟླ་སྨད་ནས་ཟླ 4པའི་ཟླ་དཀྱིལ་དུ་འདེབས་དགོས་ཤིང་། ནང་སོག་དང་ཞིན་ཅང་སོགས་རང་སྐྱོང་ལྗོངས་སུ་ཟླ 4པའི་ཟླ་དཀྱིལ་ནས་ཟླ 5པའི་ཟླ་དཀྱིལ་དུ་འདེབས་དགོས་ལ། རོལ་འདེབས་བྱེད་དགོས། འདེབས་པའི་ཟབ་ཚད་ལི་སྨིད 3~4ཡིན། མུའུ་རེའི་འདེབས་ཚད་སྟོང་ཁེ 0.35~0.5ཡིན།

2.མུའུ་རེར་འདེབས་པའི་མཐུག་ཚད་ནི། མཚོ་སྔོན་དང་ཀན་སུའུ་ཞིང་ཆེན་དུ་ཀྲང 15000~25000དང་། ནང་སོག་དང་ཞིན་ཅང་སོགས་རང་སྐྱོང་ལྗོངས་སུ་ཀྲང 35 000~50 000ཡིན།

3.མུའུ་རེར་ལིན་སྐྱུར་ཨན་གཉིས་སྟོང་ཁེ 20དང་། གཅིན་རྒྱ་སྟོང་ཁེ 10~13རྒྱག་དགོས།

4.དུས་ཐོག་ཏུ་ལྡིང་སྤུར་དང་འབུ་འཇོང་རིང་། མི་ལྗིབ་འབུ་སྦྲུག རྣ་འབྲས་ཀྱི་ཞིང་འབུ་སོགས་ནད་དང་འབུ་ཡི་གནོད་སྐྱོན་འགོག་བཅོས་བྱེད་དགོས།

(ལྔ)འདེབས་འཛུགས་བྱེད་པར་འཚམ་པའི་ས་ཁུལ།

མཚོ་སྔོན་དང་ཀན་སུའུ་ཞིང་ཆེན་གྱི་མཚོ་ངོས་ལས་མཐོ་ཚད་དམའ་བའི་ཁུལ་དང་། ནང་སོག་དང་ཞིན་ཅང་སོགས་རང་སྐྱོང་ལྗོངས་ཀྱི་དཔྱིད་འདེབས་པད་ཁ་ཁུལ་དུ་འདེབས་འཛུགས་བྱེད་པར་འཚམ།

བཅུ་གཅིག མཚོ་སྔོན་པད་ཁ་ཨང 19བ།

(གཅིག)ས་བོན་གྱི་ཡོང་ཁུངས།

མཚོ་སྔོན་ཞིང་ཆེན་ཞིང་ནགས་ཚན་རིག་གླིང་དཔྱིད་འདེབས་པད་ཁ་ཞིབ་འཇུག་སའོ་ཡི་པད་སོག་དབྱིབས་དཔྱིད་གཉིས་ཅན་གྱི་པོ་ལི་མ་ཕྲ་ཕུང་སྤྱིན་གཟུགས་པོ་གཉིས་སྦྱམ་མེད་རྒྱུད་གསུམ་འདྲེས་སྦེབ་ས་བོན་ཡིན། ཞིབ་བཤེར་གཏན་འབེབས་ཀྱི་ཨང་རྟགས་ནི། རྒྱལ་ཁབ་ཞིབ་གཏན་པད་ཁ 2012001ཡིན།

(གཉིས)ཁྱད་རྟགས་ཁྱད་གཤིས།

མཚོ་ངོས་ལས་མཐོ་ཚད་མིད 3000ཡས་མས་སུ་ཡོངས་སུ་སྨིན་འཚར་འབྱུང་བའི་དུས་ཡུན་ཉིན 112ཡིན། མཚོ་སྔོན་འདྲེས་སྦེབ་ཨང 11པ་དང་ཐལ་ཆེར་འདྲ་བ་ཡིན། སྨི་རྟེན་ལོ་མ་སྙིང་དབྱིབས། སྡོང་སྦྲུག་ཙུང་སྨུག་པོ་ཡིན། སྙིང་དབྱིབས་ལོ་མ་མདོག་སྨུག་པོ་དང་ཕྲ་ཕྲུ་སྨུག་པོ་ཡོད། སྡོང་ཡུ་ཐོན་པའི་སྔོན་དུ་ཙུང་དྲང་མོར་ལངས་ཏེ་སྨྱིས་པ་ཡིན། བསྐུམས་སྡོང་གི་ལོ་མའི་སྟེང་ངོས་གས་པ་དང་མདོག་ལྗང་ཁུ། ལོ་མའི་རྒྱ་རྩ་དཀར་པོ། ལོ་མའི་ཡུ་བ་རིང་། ལོ་མའི་མཐའ་ཁ་ན་སོག་ཁའི་དབྱིབས་ལྡན་ཞིང་། ཕྲ་ཚོལ་གྱི་བྱེ་ཞུང་བ་ཡིན། སྡོང་ཡུ་ལོ་མ་ལྗང་ཁུ་དང་ཁབ་དབྱིབས། སྡོང་རྐང་བྱེད་བཏུམས་ཡོད། སྡོང་རྐང་གཅིག་གི་གཞུང་རྐང་སྟེང་ལྗང་མདོག་ལོ་མ 8.00±1.56ཡོད། ཆེས་ཆེ་བའི་ལོ་མའི་རིང་

ཚད་ལི་སྨིད 22.40 ±0.45དང་ཞིང་ལ་ལི་སྨིད 5.60 ±0.60ཡོད། སྡོང་རྐང་ཕྲུགས་མའི་དབྱིབས་ཡལ་ག་ཆ་སྙོམས་པོར་སྐྱེས་ཡོད། སྡོང་རྐང་གི་མཐོ་ཚད་ལ···ལི་སྨིད 138.36 ±3.50ཡོད་ཅིང་ནུས་ལྡན་ཡལ་གའི་གནས་ལ་ལི་སྨིད 22.62 ±3.42 ཡོད། ཐེངས་དང་པོའི་ནུས་ལྡན་ཡལ་ག 3.13±0.87དང་ཐེངས་གཉིས་པའི་ཡལ་ག 1.75 ±0.99ཡོད། མེ་ཏོག་སེར་པོ། མེ་ཏོག་གི་འདབ་མ་འཇོང་དབྱིབས་དང་གཞོགས་གཉིས་སུ་བསྡོལ་བརྩེགས་བྱས་ཏེ་སྙོམས་པོར་བརྒྱངས་ཡོད། སྨིན་པའི་རྣ་འབྲས་ལྗང་སེར་དང་བསེགས་ཏེ་སྐྱེས་ཡོད། རྣ་འབྲས་ཀྱི་རིང་ཚད་ལ་ལི་སྨིད 6.73 ±0.98ཡོད། རྣ་འབྲས་རེའི་འབྲུ་རྡོག་གི་གྲངས་ཀ 23.54 ±1.48ཡིན། འབྲུ་རྡོག་གི་ཚོགས་ཙུང་མངོན་གསལ་ལྡན། སྡོང་རྐང་རྒྱང་པའི་རྣ་འབྲས་ཀྱི……གྲངས་ཀ 165.52±10.21ཡོད། མེ་ཏོག་བང་རིམ་གཙོ་བོའི་རིང་ཚད་ལ་ལི་སྨིད 56.18 ±4.76ཡོད། མེ་ཏོག་བང་རིམ་གཙོ་བོའི་ནུས་ལྡན་རྣ་འབྲས་ཀྱི་གྲངས་ཀ 55.50±5.40ཡིན་ཞིང་། མེ་ཏོག་བང་རིམ་གཙོ་བོའི་རྣ་འབྲས་ཀྱི་སྟུག་ཚད 0.82±0.09/ལི་སྨིད་ཡིན། ས་བོན་ཁམ་ནག་དང་ཟླུམ་རིལ་དབྱིབས། སོན་ཐུགས་འཇམ་པོ་ཡིན། སྡོང་རྐང་རྒྱང་པ་རེའི་ཐོན་ཚད་ཁེ 6.62 ±1.24དང་། འབྲུ་རྡོག་སྟོང་རེའི་ལྗིད་ཚད་ཁེ 3.61 ±0.15ཡོད། ཞིང་ཚད་ཀྱི་ལྗིད་ཚད་ཁེ 710.00 ±0.1/ཧྲིན་ཡིན། དཔལ་འཁོར་གྱི་བཏགས་གྲངས 0.26 ~0.28ཡིན། འབྲུ་རྡོག་ནང་སྨུམ་འདུས་ཚད 43.00% ~46.00%དང་སྨུམ་རྫས་ཁྲིད་ཅེ་སོན···འདུས་ཚད 0.6% ~0.8%ཡིན་ཞིང་། འབབ་ཆ་དང་འབབ་སྙིགས་ཁྲིད་ལིའུ་ཏའི་རྒྱུན་འབྲུམ་རྟགས་ཏའི་ལྷེ་མའོ་ཨར 33.00~35.00/ཁེ་འདུས་པ་ཡིན།

(གསུམ) ཐོན་ཚད་ཀྱི་མངོན་ཚུལ།

2009~2010ལོར་བསྟུད་མར་ལོ་གཉིས་ལ་མཚོ་སྔོན་ཞིང་ཆེན་པད་ཁ་ཤེན་ཏུ་ཙཱ་སྨིན་ཚོ་སྐོར་གྱི་ས་ཁོངས་ཚོད་ལྟ་ཁྲིད་ཞུགས་ཤིང་། ཚོད་ལྟར་ཞུགས་པའི……

གནས་སོ་སོ་ཚང་མར་རྒྱུན་ལྡན་དུ་སྨིན་ཐུབ་པ་བྱུང་། གནས་ཐེངས་14ཁྲོད་ཀྱི་གནས་ཐེངས་10ལ་ཐོན་འཕར་བྱུང་ཞིང་གནས་4ནས་ཐོན་ཚད་ཆག་པ་རེད། ཆ་སྙོམས་མུ་ཨུ་རེའི་ཐོན་ཚད་སྟོང་ཁེ་160.82ཡིན་ཞིང་། ཏའོ་ཡིཨུ་11པ་ཡི་ཆ་སྙོམས་མུ་ཨུ་རེའི་ཐོན་ཚད་133.50དང་བསྡུར་ན་18.94%ཐོན་འཕར་བྱུང་བ་རེད། དེའི་ཁྲོད་2009ལོའི་བསྡུར་གྲངས་ཐོན་འཕར་26.12དང་། 2010ལོའི་བསྡུར་གྲངས་ཐོན་འཕར་11.66%ཡིན་པ་རེད། 2011~2012ལོར་བསྟུད་མར་ལོ་གཉིས་ལ་མཚོ་སྔོན་ཞིང་ཆེན་གྱི་པད་ཁ་ཤིན་ཏུ་སྔ་སྨིན་ཚོ་སྐོར་གྱི་ཐོན་སྐྱེད་ཚོད་ལྟ་ཁྲོད་ཞུགས་ཏེ། ཚོད་ལྟར་ཞུགས་པའི་གནས་ཐེངས་9ཡི་ཁྲོད་ནས་གནས་ཐེངས་6ལ་ཐོན་འཕར་བྱུང་ཞིང་གནས་ཐེངས་3ནས་ཐོན་ཚད་ཆག་པ་དང་། ཆ་སྙོམས་མུ་ཨུ་རེའི་ཐོན་ཚད་སྟོང་ཁེ་138.84ཡིན་ཞིང་། ཏའོ་ཡིཨུ་11པ(ཆ་སྙོམས་མུ་ཨུ་རེའི་ཐོན་ཚད་སྟོང་ཁེ་130.91)དང་བསྡུར་ན་6.06%ཐོན་འཕར་བྱུང་བ་རེད།

(བཞི)འདེབས་གསོའི་ལག་རྩལ་གྱི་གནད་འགག

ས་རྒྱུ་སོབ་སོབ་དང་ས་རྒྱུའི་གཤིན་ཚད་འབྲིང་གོང་ཡིན་དགོས། འདེབས་དུས་ནི་ཟླ་5པའི་མགོ་ནས་ཟླ་5པའི་ཟླ་དཀྱིལ་དུ་འཕྲུལ་ཆས་ཀྱིས་རོལ་འདེབས་བྱེད་དགོས། འདེབས་ཚད་ནི་ཏུན་0.0195~0.0225/ཀུང་ཆིང་ཡིན(སྟོང་ཁེ་1.30~1.5/མུ་ཨུ)ཞིང་། འདེབས་པའི་ཟབ་ཚད་ལི་སྨིད་3.00~4.00ཡིན། ཕྲེང་སྟར་གྱི་བར་ཐག་ལ་ལི་སྨིད་12.00~15.00དང་སྡུག་རྐང་གི་བར་ཐག་ལ་ལི་སྨིད་10.00~12.00ཡིན། ཀུང་ཆིང་རེར་ལྡང་པ་ཁག་ཐེག་བྱེད་ཚད་རྐང་ཁྲི་75.00~90.00(རྐང་ཁྲི་5.00~6.00/མུ་ཨུ)ཡིན། ཀུང་ཆིང་རེར་གཏིང་ལུད་ལ་ཏན་རྒྱང་ཏུན་0.069 (སྟོང་ཁེ་4.60/མུ་ཨུ)དང་ལིན་རྒྱང་ཏུན་0.040(སྟོང་ཁེ་2.67/མུ་ཨུ)འཛོག་པ། ཀུང་ཆིང་རེར་སྟེང་ལུད་ལ་ཏན་རྒྱང་ཏུན་0.069

(སྟོང་ཁེ 4.60/སྨུའུ)རྒྱག་དགོས། སྨྱུ་གུ་ཐོན་པའི་དུས་སྐབས་ལྡིང་སྦྲུར་དང་་་་་འབུ་འཛོང་རིང་ལ་མཉམ་འཛོག་བྱེད་པ་དང་ལོ་མ 4~5ཡི་སྐབས་དུས་ཐོག་ཏུ་་་་་་མཐུག་སེལ་བྱེད་པ་མ་ཟད་ད་དུང་སྙིང་ལུད་རྒྱག་དགོས། རྣ་འབྲས་ཀྱི་དུས་རྣ་་་་་འབྲས་ཀྱི་ཞིང་འབུ་ཡི་གནོད་པ་འགོག་བཅོས་ལ་མཉམ་འཛོག་དགོས་ཤིང་། དུས་ལྟར་སྤུད་དགོས།

(ལྔ)འདེབས་འཛུགས་བྱེད་པར་འཚམ་པའི་ས་ཁུལ།

མཚོ་སྔོན་ཞིང་ཆེན་གྱི་མཚོ་བྱང་ཁུལ་དང་མཚོ་ལྷོ་ཁུལ། ཤར་རྒྱུད་ཞིང་་་་ལས་ཁུལ་གྱི་གྲང་ངར་ཆེ་བའི་རི་ཁུལ་དུ་འདེབས་འཛུགས་བྱེད་པ་ཡིན།

ལེའུ་ལྔ་བ། བད་ཁ་འདེབས་གསོ་བྱེད་པའི་ལག་རྩལ་གཙོ་བོ།

ས་བཅད་དང་པོ། བད་ཤོག་དབྱིབས་ཀྱི་བད་ཁའི་འདེབས་གསོ་ལག་རྩལ།

གཅིག མ་བཏབ་སྔོན་གྱི་གྲ་སྒྲིག

(གཅིག)ཞིང་བཅོས་ཞིབ་ཚགས་དང་ལུགས་མཐུན་གྱིས་རེས་འདེབས་བྱེད་པ།

བད་ཁའི་ས་བོན་ཆུང་ཞིང་ས་འདེགས་པའི་ནུས་པ་ཞན་པ་ཡིན་པས། ཞིང་བཅོས་ཀྱི་བཟང་ངན་གྱིས་ཐད་ཀར་བད་ཁའི་ལྡང་པ་ཐོན་པ་དང་རྩ་ལག……འཚར་སྐྱེ་བྱེད་པ་ལ་ཤུགས་རྐྱེན་གཏོང་བ་ཡིན། སྤྱིར་བཏང་དགུན་ཆུ་གཏོང་བ་དང་དཔྱིད་ཆུ་གཏོང་བ། སྔ་ཐོ་བརྡུངས་ནས་སེར་སྲུང་བའི་བྱེད་ཐབས་བཅས་སྤྱད་དེ་ས་རྒྱུ་བདེ་སྙོམས་སོབ་སོབ་ཏུ་འགྱུར་བར་བྱེད་དགོས། བད་ཁ་ནི་བསྟུད་འདེབས་བྱེད་པར་མི་འཚམ་པས་ལུགས་མཐུན་གྱིས་སོག་ཤུལ་རེས་འདེབས་བྱེད་དགོས། ཙུང་ཕྱུགས་རེ་ཡིན་པའི་རེས་འདེབས་སུ་བྱེད་པའི་ལོ་ཏོག་ནི་གྲོ་དང……ནས། ཞོག་ཁོག་བཅས་ཡིན།

(གཉིས)སོན་བཟང་བདམས་སྤྱོད་དང་ས་བོན་སྨན་རྫས་ཀྱིས་བསྒོག་པ།

མཚོ་སྔོན་ཞིང་ཆེན་གྱི་བད་ཤོག་དབྱིབས་ཀྱི་བད་ཁ་ཐོན་སྐྱེད་ཁུལ་དུ………

གྲུས་ལེགས་འདྲིས་སྦེབ་པད་ཁའི་ས་བོན་ནི་འདེབས་གསོའི་ས་བོན་གཙོ་བོ་ཡིན། སྤྱིར་བཏང་ལུང་གཞུང་དང་ལུང་མདོ། རི་ཐང་མཚམས་ཀྱི་ས་ཁུལ་དུ་མཚོ་སྔོན་འདྲིས་སྦེབ་ཨང་2པ་དང་མཚོ་སྔོན་འདྲིས་སྦེབ་ཨང་5བ་འདེབས་འཛུགས་བྱེད་པར་འཚམ་ཞིང་། མཚོ་ངོས་ལས་མཐོ་ཚད་སྨིད2800~3000གི་རི་མ་ས་ཁུལ(མཐོ་གནས་ཀྱི་ཞིང་རི་མ)དུ་ཤིན་ཏུ་སྤྱ་སྨིན་གྱི་འདྲིས་སྦེབ་པད་ཁ་མཚོ་སྔོན་འདྲིས་སྦེབ་ཨང་3པ་དང་མཚོ་སྔོན་འདྲིས་སྦེབ་ཨང་4བ། མཚོ་སྔོན་འདྲིས་སྦེབ་ཨང་7པ་སོགས་འདེབས་འཛུགས་བྱེད་པར་འཚམ་པ་ཡིན། འདེབས་པའི་སྔོན་གྱི་ཉིན3~10ལ70%ཅན་གྱི་རྡུའི་ཐིན་ཁ་འགྲེམ་ནས་རང་བཞིན་གྱི་ས་བོན་ཐག་གཅོད་སྨན་བཀོལ་ཏེ། པད་ཁའི་ས་བོན་གྱི་མང་ཉུང་གི5‰ཡི་སྨན་ཚད་ལྟར་བསྡོག་པ་དང་། ས་བོན་དང་ལུད་སློམས་པོར་བསྲེས་རྗེས་རོལ་འདེབས་བྱེད་དགོས། (རི་མོ5–1)

རི་མོ5–1 པད་ཁ་མ་བཏབ་སྔོན་ལ་ས་བོན་སྨན་རྫས་ཀྱིས་བསྡོག་པ།

(གསུམ)ལུགས་མཐུན་གྱིས་ལུད་རྒྱག་པ།

པད་ཁའི་ཐོན་སྐྱེད་སྟེང་གཏིང་ལུད་མང་དུ་འཛོག་པ་དང་སྟེང་ལུད་སྤྱ་མོ་ནས་རྒྱག་པ། བྱང་ཆ་ལྡན་པའི་སྔོ་ནས་ལོ་མའི་ཐོག་ཏུ་སྨན་ལུད་གཏོར་བ་བཅས་ཀྱི་བླང་བྱ་ལྡན་པ་ཡིན། སྤྱིར་བཏང་སྦུའུ་རེར་སྐྱེ་ལྡན་ལུད་སྨིད་ལྷམ་པ

2.5~3དང་གཅིན་རྒྱུ་སྟོང་ཁེ 10~12 ཞིན་སྨྱུར་ཨན་གཉིས་སྟོང་ཁེ 15~20བཅས་འཛོག་དགོས་ཤིང་། འདྲིས་སྡེབ་པད་ཁ་ལ་སྤྱིའི་ལུད་འཛོག་ཚད་རྒྱུན་སྲོལ་གྱི་ས་བོན་ལས་ཅུང་ཟད་མང་བ་བྱེད་དགོས། མ་བཏབ་སྔོན་ལ་བོན་ལུད་སྟོང་ཁེ 0.1~0.2/མུའུ་བཀོལ་ཏེ་ས་བོན་བསྣོག་ཆོག སྙིང་ལུད་ནི་སྐྱེ་སྟོབས་ལྡན་པའི་སྨྱུ་གུ་འདེབས་གསོ་བྱེད་པའི་གནད་འགག་ཡིན། སྤྱིར་བཏང་ཆུ་གཏོང་བའི་ཞིང་སར་པད་ཁའི་ལོ་མ་དངོས 4 ~5ཡི་སྐབས་ཆུ་འགོམ་གཏོང་བ་དང་ཟུང་འབྲེལ་གྱིས་སྙིང་ལུད་གཅིན་རྒྱུ་སྟོང་ཁེ 3 ~4རྒྱག་པ་མ་ཟད། ད་དུང་ས་སོབ་སོབ་ལེགས་པོར་བཟོ་དགོས། ཞིང་རི་མར་གསེང་རྫོད་ཡུར་རྒྱག་དང་བསྟུན་ནས་སྙིང་ལུད་གཅིན་རྒྱུ་སྟོང་ཁེ 4 ~5རྒྱག་དགོས། པད་ཁའི་ཐེའུ་ལ་མེ་ཏོག་འཛུམ་པའི་དུས་མུའུ་རེར་གཅིན་རྒྱུ་སྟོང་ཁེ 3 ~4ལ་ཞིན་སྨྱུར་ཆེང་གཉིས་ཙྪ་ཁེ 100བསྣན་ནས་ཆུ་སྟོང་ཁེ 30ནང་བསྡེབས་ཏེ་ལོ་མའི་འོག་ཏུ་ཐེངས 2~3ལ་གཏོར་ནས་སྐྱེ་འཚར་ལ་སྐུལ་འདེད་བྱེད་དགོས། པད་ཁ་མེ་ཏོག་འོག་མར་བཞད་པ་ནས་སྨིན་པའི་དུས་རིམ་དུ་གལ་ཏེ་འཚོ་བཅུད་ཀྱིས་མ་འདང་ཚེ་རྒྱུན་པར་མེ་ཏོག་དང་འབྲས་བུ་ལྷུང་ཞིང་སྦ་ཉམས་ཀྱི་མངོན་རྟགས་འབྱུང་བ་ཡིན། འདིའི་སྐབས་སྐྱེ་སྟོབས་ཅུང་ཞན་པའི་ཞིང་སར་མེ་ཏོག་གི་དུས་སྟོད་དུ་གཅིན་རྒྱུ་ཁ་གསབ་ཀྱིས་རྒྱག་པའམ་སྨྱུག་བཀོལ་གཅིན་རྒྱུ་སྟོང་ཁེ 0.5ལ་ཞིན་སྨྱུར་ཆེང་གཉིས་ཙྪ་ཁེ 100བསྣན་ནས་ཆུ་སྟོང་ཁེ 30 ~50ནང་བསྡེབས་ཏེ་གཏོར་ཚེ་རྣ་འབྲས་ཀྱི་གྲངས་ཀ་ཇེ་མང་དུ་གཏོང་བ་དང་འབྲུ་རྡོག་གི་ལྗིད་ཚད་མཐོར་འདེགས་གཏོང་ཐུབ་པ་ཡིན།

གཉིས། དུས་དང་མཐུན་པར་འདེབས་པ།

(གཅིག)འདེབས་པའི་དུས་ཚོད་དང་འདེབས་ཐབས།

པད་ལོག་དབྱིབས་ཀྱི་དཔྱིད་འདེབས་པད་ཁ་འདེབས་པ་ལ“སྦ”ཞེས་པའི་ཡི་གེ་འདི་འདོན་སྤྱོལ་བྱེད་པ་ཡིན། སྤྱིར་བཏང་ཉིན་རེའི་ཚ་སྙོམས་ཀྱི

གནམ་གཤིས་དྲོད་གྲང་ 2~3°C ཡན་ལ་གཏན་འཇགས་ཡིན་སྐབས་འདེབས་ཆོག་པ་ཡིན། མཚོ་སྔོན་ཞིང་ཆེན་གྱི་ཙོང་ཆུ་དང་རྨ་ཆུའི་འབབ་རྒྱུད་དུ་ཟླ་ 3པའི་ཟླ་དཀྱིལ་དང་། རི་མའི་སྐམ་འདེབས་ཞིང་སར་ཟླ་ 4བའི་ཟླ་སྟོད་དང་ཟླ་དཀྱིལ་དུ་བཏབ་ན་འཚམ་པ་ཡིན། པད་སོག་དབྱིབས་ཀྱི་པད་ཁ་ལ་རིམ་བགོས་ལུད་རྒྱག་རོལ་འདེབས་སམ་སྐམ་འདེབས་ཤུར་འདེབས་ལག་རྩལ་སྤྱོད་པ་ཡིན།

(གཉིས)མཐུག་འདེབས་འོས་ཤིང་འཚམ་པ།

པད་སོག་དབྱིབས་ཀྱི་པད་ཁ་འདེབས་པའི་མཐུག་ཚད་ནི་ས་བོན་གྱི་ཁྱད་གཤིས་དང་ཆུ་ལུད་ཀྱི་ཆ་རྐྱེན་ལ་ལྟོས་ནས་ཐག་གཅོད་པ་ཡིན། མཚོ་སྔོན་འབྲས་སྙེབ་ཨང་ 2པ་དང་མཚོ་སྔོན་འབྲས་སྙེབ་ཨང་ 5བ་སོགས་ས་བོན་ནི་ཆུ་གཏོང་བའི་ཞིང་སར་མུའུ་རེར་ལྡང་པ་ཁག་ཐེག་ཚད་ཀྲང་ཁྲི 1.2~1.5དང་། རི་མའི་སྐམ་ཞིང་དུ་ཀྲང་ཁྲི 1.5~2ཡིན་ཞིང་། མུའུ་རེར་ས་བོན་འདེབས་ཚད་སྟོང་ཁེ 0.4ལ་ཚོད་འཛིན་བྱེད་དགོས། ཤིན་ཏུ་ཐུ་སྨིན་གྱི་ས་བོན་མཚོ་སྔོན་འབྲས་སྙེབ་ཨང་ 3པ་དང་མཚོ་སྔོན་འབྲས་སྙེབ་ཨང་ 4བ། མཚོ་སྔོན་འབྲས་སྙེབ་ཨང་ 7པ་སོགས་ནི་མུའུ་རེར་ལྡང་པ་ཁག་ཐེག་ཚད་ཀྲང་ཁྲི 3~5ཡིན་ཞིང་། མུའུ་རེར་ས་བོན་འདེབས་ཚད་སྟོང་ཁེ 0.45~0.6ཡིན།

གསུམ། ཞིང་ཁའི་དོ་དམ།

(གཅིག)སྨྱུ་གུ་མཐུག་སེལ་དང་སོར་འཇོག་སྨྱུ་གུ་གཏན་ཁེལ་བྱེད་པ།

པད་ཁའི་སྨྱུ་གུ་མཐུག་སེལ་དང་སོར་འཇོག་སྨྱུ་གུ་གཏན་ཁེལ་བྱེད་པ་ནི་འོས་ཤིང་འཚམ་པར་མཐུག་འདེབས་བྱེད་པ་དང་སྨྱུ་གུའི་འཚོ་བཅུད་ཆ་རྐྱེན་ལེགས་བཅོས་བྱེད་པའི་ཐབས་ཤེས་གཙོ་བོ་ཡིན་པ་རེད། པད་སོག་དབྱིབས་ཀྱི་པད་ཁའི་སྤྱིར་བཏང་གི་བླང་བྱ་ནི་སྨྱུ་གུའི་ལོ་མ་དངོས 2~3གྱི་སྐབས་སྨྱུ་གུ་མཐུག་སེལ་བྱེད་པ་དང་། ལོ་མ་དངོས 4~5ཡི་སྐབས་སོར་འཇོག་སྨྱུ་གུ་གཏན་ཁེལ་བྱེད་

དགོས། འདྲིས་སྦེབ་པད་ཁ་དེ་རྒྱུན་སྲོལ་པད་ཁ་དང་བསྟུར་ན་དུས་སྟོད་ཀྱི་སྐྱེ་འཚར་ཅུང་མགྱོགས་ཤིང་མྱུ་གུ་མཐོ་ཞིང་ཆེ་ལ་རབ་ཏུ་རྒྱས་པ་ཡིན་པས་ལྷག་ཏུ“ཟླ་བ་གསུམ”གྱི་དོ་དམ་ལ་དོ་སྣང་བྱེད་འོས་པ་སྟེ། མྱུ་གུའི་དུས་སུ་བྱེད་ཐེངས་གཅིག་གིས་ཟླ་མོ་ནས་མྱུ་གུ་མཐུག་སེལ་དང་སོར་འཇོག་མྱུ་གུ་གཏན་ཁེལ་བྱེད་པ་དང་ཟླ་མོ་ནས་ཏན་ལུད་སྙིང་ལུད་དུ་རྒྱག་པ། ཟླ་མོ་ནས་ཆུ་གཏོང་བ་བཅས་བྱེད་དགོས།

(གཉིས)ལུགས་དང་མཐུན་པར་ཆུ་གཏོང་བ།

པད་ཁའི་སྐྱེ་འཚར་གྱི་དུས་སྐབས་ནང་མྱུ་གུའི་ཆུ་དང་ཐེའུ་ལ་མེ་ཏོག་འཛུམ་དུས་ཀྱི་ཆུ། རྣ་འབྲས་ཀྱི་ཆུ་བཅས་ལེགས་པོར་གཏོང་དགོས། པད་ཁའི་ལོ་མ་དངོས 4~5ཡི་སྐབས་མྱུ་གུ་མཐུག་སེལ་བྱེད་པ་དང་སྙིང་ལུད་རྒྱག་པར་བྲུང་འབྲེལ་གྱིས་མྱུ་གུའི་ཆུ་གཏོང་དགོས། པད་ཁའི་ཐེའུ་དང་མེ་ཏོག་གི་དུས་ནི་གནམ་གཤིས་དྲོད་ཚད་ཅུང་མཐོ་བའི་སྐབས་ཡིན་ཞིང་སྐྱེ་འཚར་རབ་ཏུ་རྒྱས་བཞིན་ཡོད། སྐབས་འདི་ནི་ཆུའི་དགོས་མཁོ་ཆེས་མང་བ་དང་ཆེས་ཁ་ཚ་དགོས་གཏུགས་ཀྱི“འགྱུར་མཚམས་ཀྱི་དུས”ཡིན་པས་དུས་ཐོག་ཏུ་ཆུ་གཏོང་དགོས་པ་ཡིན། ཐེའུ་ཡི་རྗེས་ནས་འཚོ་བཅུད་སྐྱེ་འཚར་དང་སྐྱེ་འཕེལ་སྐྱེ་འཚར་གཉིས་ཀ་ཅུང་རབ་ཏུ་འཕེལ་བའི་དུས་ཡིན་ལ། ཡལ་ག་དང་མེ་ཏོག རྣ་འབྲས་བཅས་འཚར་སྐྱེ་འབྱུང་བའི་དུས་རིམ་གཙོ་བོ་ཡིན་པས། དུས་ཐོག་ཏུ་ཆུ་བཏང་ཚེ་འབྲས་བུ་འདོགས་ཚད་མཐོར་འདེགས་དང་རྣ་འབྲས་ཀྱི་འབྲུ་རྡོག་གི་གྲངས་ཀ་འཕར་བར་ཕན་པ་ཡིན།

(གསུམ)གསེང་སྐྱོད་ཡུར་རྒྱག

པད་ཡོག་དབྱིབས་ཀྱི་པད་ཁའི་གསེང་སྐྱོད་ཡུར་རྒྱག་ནི་སྙིང་ལུད་དང་མྱུ་གུ་མཐུག་སེལ། སོར་འཇོག་མྱུ་གུ་གཏན་ཁེལ་བྱེད་པ་བཅས་དང་བྲུང་འབྲེལ་གྱིས་

མཉམ་གཅིག་ཏུ་སྤེལ་དགོས།

(བཞི)ནད་དང་འབུ་ཡི་གནོད་སྐྱོན་འགོག་བཅོས་ལ་ཞུགས་སྣོན་པ།

པད་ལོག་དབྱིབས་ཀྱི་པད་ཁ་ལ་གནོད་པ་ཆེན་པོ་བཟོ་བའི་ནད་དང་འབུ་ཡི་གནོད་པ་གཙོ་བོར་ལྡིང་སྦུར་རྒྱབ་སེར་དང་པད་ཁའི་འབུ་འཛོང་རིང་། པད་ཁའི་སྦུར་འབུ་ཇ་འཇུར། པད་ཁའི་རྣ་འབྲས་ཀྱི་ཞིང་འབུ། པད་ཁའི་གཉན་སྲིན་གཙང་ནད་སོགས་ཡོད་པ་ཡིན། གཙོ་གནད་ནི་འགོག་བཅོས་ལ་ཞུགས་སྣོན་པ་མ་ཟད། ད་དུང་སྐྱེ་འཚར་གྱི་དུས་སུ་ནད་དང་འབུ་ཡི་གནོད་སྐྱོན་སྣ་ཚོགས་ཀྱི་སྔོན་དཔག་སྔོན་བརྡ་དང་འགོག་བཅོས་ཀྱི་བྱ་བ་ལེགས་པོར་བསྒྲུབ་དགོས་པ་དང་། ཚན་རིག་དང་མཐུན་པའི་སྔོན་འགོག་དང་ཆོད་འཛིན་ཐུས་གཞི་བཟོ་དགོས། (རི་མོ 5–2)

རི་མོ 5–2 པད་ཁའི་ཞིང་ཁར་ནད་དང་འབུ་ཡི་གནོད་པར་སྨན་རྫས་ཀྱིས་སྦེབ་འགོག་སྦེབ་བཅོས་བྱེད་ཚུལ།

བཞི། དུས་དང་མཐུན་པར་སྡུད་པ།

པད་ཁའི་ཞིང་ཁ་རྫིལ་བོའི 80%ཡི་རྣ་འབྲས་སེར་པོར་གྱུར་པའི་སྐབས་འབྲེག་སྡུད་བྱེད་པར་འཚམ་པ་ཡིན། པད་ཁ་འཕྲུལ་ཆས་ཀྱིས་འདེབས་ཤིང

འཕྲུལ་ཆས་ཀྱིས་སྟུད་པ་ཡིས་ཚད་ཆེན་པོ་ཞིག་གི་སྟེང་ནས་ངལ་རྩོལ་ནུས་ཤུགས་བཅིངས་འགྲོལ་བཏང་སྟེ་ཐོན་སྐྱེད་ལས་ཚོད་མཐོར་འདེགས་བཏང་བ་རེད། པད་ཁ་དུས་བགོས་ཀྱིས་སྟུད་པ་དང་མགོ་མཇུག་བར་གསུམ་དུ་འཕྲུལ་ཆས་ཅན་གྱིས་སྟུད་པའི་ལག་རྩལ་ནི་དེ་སྔོན་མཚོ་སྔོན་ཞིང་ཆེན་གྱི་ཤར་རྒྱུད་ཞིང་ལས་ཁུལ་གྱི་དགོན་ལུང་རྫོང་དང་སྐྱ་འབུམ་རྫོང་། མཚོ་ལྷོ་ཁུལ་གྱི་ཁྲི་ཀ་རྫོང་སོགས་ས་ཁུལ་དུ་ཐོན་སྐྱེད་དཔེ་སྟོན་གྱི་གནས་མང་པོར་ཚོད་ལྟས་ར་སྤྲོད་བྱས་པ་བརྒྱུད་ལེགས་གྲུབ་བྱུང་ཟིན་པ་རེད། (རི་མོ 5–3དང་རི་མོ 5–4 རི་མོ 5–5)

རི་མོ 5–3 པད་ཁ་འཕྲུལ་ཆས་ཅན་གྱིས་སྟུད་པ།

རི་མོ 5–4 པད་ཁ་འཕྲུལ་ཆས་ཅན་གྱིས་སྟུད་པ།

རི་མོ 5–5 འཕྲུལ་ཆས་ཀྱིས་བྲེགས་པའི་པད་ཁ་འཐུ་ཞིང་འབྲུ་གུ་འདོན་པ།

ས་བཅད་གཉིས་པ། ཚོད་དཀར་དབྱིབས་ཀྱི་ པད་ཁའི་འདེབས་གསོ་ལག་རྩལ།

གཅིག མ་བཏབ་སྔོན་གྱི་གྲ་སྒྲིག

(གཅིག)སྔོན་དུས་ལོག་གཏིང་དུ་རྒྱུག་པ་དང་ཞིང་བཅོས་ཞིབ་ཚགས་བྱེད་པ།

ཚོད་དཀར་དབྱིབས་ཀྱི་པད་ཁ་ཐོན་ཁུལ་དུ་སྦྱིར་བཏང་གི་སླང་བྱ་ནི………སྔོན་མའི་ལོ་ཏོག་བསྡུས་རྗེས་ས་རྒྱུ་བཏུལ་ནས་ཆར་ཆུ་བསྡུ་ལེན་བྱེད་ཆེད། དུས་ཐོག་ཏུ་ལོག་གཏིང་དུ་ལི་སྨིད 15ཙམ་རྒྱུག་དགོས་ཤིང་། གཏིང་ལོག་བརྒྱབ་རྗེས་ཉིན 20ཡས་མས་ལ་ཉི་མར་སྐམ་པ་མ་ཟད་ཤལ་བརྒྱབ་ནས་སེར་འཛིན་དུ་འཛུག་དགོས། འདེབས་པའི་སྔོན་དུ་ལོག་ཁ་ནས་རྒྱུག་པ་དང་ཤལ་བརྒྱབ་སྟེ་ས་རྒྱུ་སོབ་ཅིང་བདེ་སྙོམས་ཡོང་བ་བཟོ་དགོས།

(གཉིས)ས་རྒྱུ་ཐག་གཅོད།

མ་བཏབ་སྔོན་གྱི་ཉིན 7~15ཡི་སྐབས་ལ་སྨུའུ་རེར 48%ཅན་གྱི་རྫ་ལེ་ལིང…སྟོང་ཁེ 0.15~0.2ས་ཞིབ་བུ་སྟོང་ཁེ 20ལ་སྙོམས་པོར་བསྲོག་ནས་གཏོར་བའམ་ཡང་ན་ཆུ་སྟོང་ཁེ 25ལ་བསྲེབས་ནས་སྨུག་གཏོར་བྱས་ཏེ་རྫ་ལྷུམ་འགོག་སེལ………བྱེད་དགོས།

(གསུམ)སོན་བཟང་འདེམ་པ།

ཐོན་ཚད་མཐོ་བ་དང་སྨིན་སྔ་བ། ནད་འགོག་ནུས་པ་ཆེ་བའི་མཚོ་སྔོན་པད་ཁ 241དང་ཏཱའོ་ཡིའུ་ཨང 11པ། མཚོ་སྔོན་པད་ཁ་ཨང 19བ། མཚོ་སྔོན་པད་ཁ་ཨང 21པ་སོགས་ཕྱུས་ལེགས་ས་བོན་བདམས་སྤྱོད་བྱེད་དགོས།

(བཞི)ལུགས་མཐུན་གྱིས་ལུད་འཛུག་པ།

ཚོད་དཀར་དབྱིབས་ཀྱི་པད་ཁའི་སྐྱེ་འཚར་དུས་ཡུན་ཐུང་བ་དང་ལུད་ཀྱི་དགོས་མཁོ་ཆུང་ཆེ་བའི་ཁྱད་ཆོས་གཞིར་བཟུང་སྟེ། ངེས་པར་དུ་གཏིང་ལུད་འདང་ངེས་སུ་བཞག་སྟེ་སྟོང་ཁང་གི་སྐྱེ་འཚར་དགོས་མཁོ་བསྐང་དགོས། སྤྱིར་བཏང་མུའུ་རེར་སྐྱེ་ལྡན་ལུད་རྫིད་ལྷམ་པ 2 ~3དང་གཅིན་རྒྱ་སྟོང་ཁ 5 ~8 ལིན་སྐྱུར་ཨན་གཉིས་སྟོང་ཁ 10~12བཅས་འཛུག་དགོས།

གཉིས། དུས་དང་འཚམ་པར་འདེབས་པ།

(གཅིག)འདེབས་པའི་དུས་ཚོད་དང་འདེབས་ཐབས།

ཚོད་དཀར་དབྱིབས་ཀྱི་པད་ཁ་ནི་དབྱར་ཚུགས་པའི་སྔོན་ཏེ་ཟླ 4བའི་ཟླ་སྨད་ནས་ཟླ 5བའི་ཟླ་སྟོད་དུ་འདེབས་པར་འཚམ་པ་ཡིན། སྤྱིར་བཏང་གི་བླང་བྱ་ནི་འཕྲུལ་ཆས་ཀྱིས་རོལ་འདེབས་བྱེད་པ་སྤྱོད་པ་ཡིན། སྐྱེ་འཚར་ལ་ཕྲོད་གསོག་པ་བསྐྱོན་ལེན་བྱེད་ཆེད། ས་གཏིང་མ་ཐྲོས་སྔོན་དུ་འདེབས་པའི་བྱེད་ཐབས་སྤྱད་ཆོག་པ་ཡིན།

(གཉིས)མཐུག་འདེབས་འོས་ཤིང་འཚམ་པ།

ཚོད་དཀར་དབྱིབས་ཀྱི་པད་ཁའི་སྡུག་ཚད་ཀྱི་ཆེ་ཆུང་གིས་ཐད་ཀར་ཐོན་ཚད་ཀྱི་མཐོ་དམའ་ལ་ཤུགས་རྐྱེན་བཟོ་བ་ཡིན། སྡུག་ཚད་འོས་འཚམ་ཡིན་ཚེ་རྩ་ལག་གི་སྐྱེ་འཚར་ལེགས་ཤིང་ཡལ་ག་རབ་ཏུ་རྒྱས་ལ། ཐོན་ཚད་མཐོ་བ་ཡིན། སྡུག་ཚད་ཆེ་དྲགས་ན་རྩ་ལག་དང་ཡལ་གའི་སྐྱེ་འཚར་ལ་ཚོད་འཛིན་ཐེབས་ཏེ་སྟོང་ཁང་གི་འཚོ་བཅུད་རྒྱ་ཁྱོན་ཆུང་ཞིང་ཐོན་ཚད་དམའ་བ་ཡིན། སྤྱིར་བཏང་དུ་མུའུ་རེའི་འདེབས་ཚད་སྟོང་ཁ 1.5 ~2.5དང་མུའུ་རེའི་ལྡུང་པ་ཁག་ཐེག་ཚད་ཁང་ཁྲི 5~6ཡིན།

གསུམ། ཞིང་ཁའི་དོ་དམ།

(གཅིག)ཡུར་མ་ཡུར་བ།

ཚོད་དཀར་དབྱིབས་ཀྱི་པད་ཁ་ཐོན་ཁུལ་གཙོ་བོའི་སྤྱིར་བཏང་གི་ཆ་སྙོམས་ཀྱི་མཚོ་ངོས་མཐོ་ཚད་ནི་སྨིད 2800~3200ཡིན་ཞིང་། རྩྭ་ལྷུམ་གྱི་གནོད་འཚེའི་ཚད 18%ཡས་མས་དང་ཚབས་ཆེ་བའི་ཞིང་ས 50%ལ་བསླེབ་པ། སྤྱིང་གུད་ཀྱི་ཚད 20%ཡས་མས་ཡིན། རྩྭ་ལྷུམ་གཙོ་བོ་ནི་ཡུག་པོ་དང་རྩྭ་པོ་ཧྲུའོ། རྩྭ་ཞེ་ཁྲུང་སོགས་ཡིན། ཡུར་མ་ཡུར་བ་ལ“སྔོན་འགོག་གཙོར་འཛིན་པ་དང་། ཕྱོགས་བསྡུས་འགོག་བཅོས་བྱེད་པའི”བྱེད་ཐབས་ལག་བསྟར་བྱེད་ཅིང་། མིའི་རྩོལ་བས་ཡུར་མ་ཡུར་བ་དང་ཞིང་ལས་ཀྱི་འགོག་སེལ། སྨན་རྫས་ཀྱིས་འགོག་སེལ་བྱེད་པ་བཅས་ཟུང་འབྲེལ་བྱེད་པའི་ཐབས་ཤེས་སྤྱོད་དགོས། རྩྭ་ལྷུམ་གྱི་གནོད་འཚེ་ཚབས་ཆེ་བའི་ས་ཁུལ་དུ་སྤྱིར་བཏང་མ་བཏབ་སྔོན་ལ་རྔོ་ལེ་ལེང་བཀོལ་ནས་ས་རྒྱུ་ཐག་གཅོད་བྱེད་པ་དང་། པད་ཁའི་མྱུ་གུའི་དུས་ལྷུན་ཧྲ་ཏིག་དང་ཀའོ་ཞའོ་ཀའི་ཚའོ་ནེང་སྤྱད་དེ་སྨན་རྫས་ཀྱིས་འགོག་བཅོས་བྱེད་དགོས། པད་ཁའི་མྱུ་གུའི་དུས་སུ་རྫས་འགྱུར་གྱིས་རྩྭ་ལྷུམ་སེལ་བར་སྟེ་བ་དང་ཆུང་བ་དམ་འཛིན་བྱེད་དགོས། རྩྭ་ལྷུམ་གྱི་ལོ་མ 3~4ཡི་སྐབས་ཐུའུ་རེར 6.9%ཅན་གྱི་ཞེ་པ་ཏའོ་ཁེ 70འམ་ཡང་ན་ཀའོ་ཞའོ་ཀའི་ཚའོ་ནེང་ཏའོ་ཧྥིན 30~35ཚུ་སྟོང་ཁེ 15 ལ་བསྡེབས་ཏེ་སྨན་རྫས་ཀྱིས་རྩྭ་ལྷུམ་སེལ་བར་བྱས་ན་ནུས་པ་ལྡན་པའི་སྒོ་ནས་ཡུག་པོ་སོགས་སྐྱེ་མ་ཅན་གྱི་རྩྭ་ལྷུམ་འགོག་སེལ་བྱེད་ཐུབ། ཐུའུ་རེར་ཀའོ་ཐེ་ཁེ་ཁེ 30~40བཀོལ་ཆེ་རྩྭ་པོ་ཧྲུའོ་དང་བྱི་རུག ཧྲུའེ་ལི་སོགས་ལོ་མ་ཆེ་བའི་རྩྭ་ལྷུམ་འགོག་ཐུབ།

(གཉིས)ཚ་བ་མ་ཡིན་པའི་གནས་སུ་སྐྱེང་ལུད་རྒྱག་པ།

པད་ཁའི་མེ་ཏོག་ཐོག་མ་བཞད་པའི་སྔོན་ལ་སྐྱེ་སྟོབས་ཅུང་ཞན་པའམ་

ལུད་མ་འདང་བའི་ནད་རྟགས་མངོན་པའི་ཞིང་སར་མུའུ་རེར་གཙིན་རྒྱུ་སྟོང་ཁེ་0.5ཆུ་སྟོང་ཁེ་60ནང་བསྲེབས་ནས་ས་མའི་ཐོག་ཏུ་གཏོར་དགོས་ཤིང་། ཕྱིར་བཏང་ཐེངས་1~2ལ་གཏོར་དགོས།

(གསུམ)ནད་དང་འབུ་ཡི་གནོད་པ་འགོག་བཅོས་ལ་ཞུགས་སྔོན་པ།

པད་ཁའི་འབུ་འཛོང་རིང་དང་ལྷིང་སྨུར་རྒྱབ་སེར་གཙོ་གནད་དུ་བཟུང་ནས་འགོག་བཅོས་བྱེད་དགོས། མ་བཏབ་སྔོན་ལ"ས་བོན་གྱི་འཚོ་བཅུད་སྨན་ཧྲི་ལེ་ཧྲི+ཧྲུའི་ཧྲིན"བཀོལ་ནས་གཅིག་གྱུར་གྱིས་ས་བོན་སྨན་རྫས་ཀྱིས་བསྒོག་དགོས།

བཞི། དུས་དང་འཚམ་པར་སྡུད་པ།

པད་ཁའི་ཞིང་ཁ་རྫིལ་བོའི 80%ཡི་རྣ་འབྲས་སེར་པོར་གྱུར་ཅིང་། རྣ་འབྲས་ནང་གི་ས་བོན་མང་ཆེ་ཤོས་ཁམ་མདོག་དང་ནག་པོར་གྱུར་དུས་སྡུད་དགོས།

ས་བཅད་གསུམ་པ། པད་ཁ་འཕྲུལ་ཆས་ཀྱིས་འཕྲིག་ཤོག་བཀབ་ནས་ཁྲུང་འདེབས་བྱེད་པའི་ལག་རྩལ།

པད་ཁ་འཕྲུལ་ཆས་ཀྱིས་འཕྲིག་ཤོག་བཀབ་ནས་ཁྲུང་འདེབས་བྱེད་པའི་ལག་རྩལ་ནི་སྲོལ་རྒྱུན་གྱི་འདེབས་འཛུགས་རྨང་གཞིའི་སྟེང་པད་ཁ་ཐོན་ཚད་མཐོ་བའི་འདེབས་གསོ་ལག་རྩལ་དང་འཕྲིག་ཤོག་འཕྲུལ་ཆས་ཀྱིས་འགེབས་པའི་ལག་རྩལ། འཕྲུལ་ཆས་ཀྱིས་ཁྲུང་འདེབས་བྱེད་པའི་ལག་རྩལ་བཅས་ཟུང་འབྲེལ་དམ་ཚགས་བྱས་ཏེ་གྲུབ་པའི་གསར་གཏོད་ཀྱི་རང་བཞིན་ལྡན་པའི་ཐོན་མཐོ་ནུས་ཆེའི་འདེབས་གསོ་ལག་རྩལ་རིགས་ཤིག་ཡིན། ལག་རྩལ་དེ་ཉིད་སྤྱད་ཚེ། བྱེད་ཐེངས་གཅིག་གིས་འཕྲིག་ཤོག་འགེབས་པ་དང་འཕྲིག་ཤོག་སྟེང་དུ་ཁྲུང་བུ

བརྟོལ་ནས་ས་བོན་འདེབས་པ། གནོན་བཙག་བྱེད་པ། འགྲིག་ཤོག་སྟེང་གི་ཁུང་བུར་ས་འགེབས་པ་སོགས་ལས་ཀའི་བྱ་རིམ་མང་པོ་ཡོངས་འགྲུབ་བྱེད་ཐུབ་ཅིང་། ཚད་ཆེ་ཤོས་ཀྱི་སྒོ་ནས་ཆུ་གསོག་བཞའ་སྲུང་དང་ས་རྒྱུའི་ནང་གི་བརླན་བེད་མེད་དུ་རླངས་འགྱུར་བྱེད་པ་འགོག་པ་མ་ཟད། ད་དུང་རྩ་ལྷུམ་གྱི་སྐྱེ་འཚར་ལ་འགོག་གནོན་དང་ངལ་རྩོལ་ནུས་ཤུགས་ཀྱི་གཏོང་ཚད་ཇེ་ཉུང་དུ་གཏོང་བ། པད་ཁའི་ཐོན་ཚད་མཐོར་འདེགས་བྱེད་པ། ཞིང་པའི་ཡོང་སྒོ་ཇེ་མང་དུ་གཏོང་བ་བཅས་བྱེད་ཐུབ། རྒྱུན་བཀོལ་གྱི་བྱེད་ཐབས་གཙོ་བོ་ནི་གཤམ་གསལ་ལྟར།

1.སོན་ལེགས་འདེམས་པ། མཚོ་འཕགས་དམའ་བའི་ས་ཁུལ་དུ་མཚོ་སྔོན་འདྲེས་སྐེབ་ཨང 5བ་དང་མཚོ་སྔོན་འདྲེས་སྐེབ་ཨང 6པའི་ས་བོན་བདམས་སྤྱོད་བྱེད་པ་དང་། མཚོ་ངོས་མཐོ་ཚད་མཐོ་བའི་ས་ཁུལ་དུ་མཚོ་སྔོན་འདྲེས་སྐེབ་ཨང 3པ་དང་མཚོ་སྔོན་འདྲེས་སྐེབ་ཨང 7པ་སོགས་ཤིན་ཏུ་སྔ་སྨིན་གྱི་འདྲེས་སྐེབ་ས་བོན་བདམས་སྤྱོད་བྱེད་དགོས།

2.མ་བཏབ་སྔོན་ལ་ས་བོན་བསྔོག་པ། འདེབས་པའི་སྔ་རོལ་གྱི་ཉིན 3~10ཡི་སྐབས་སུ 70%ཅན་གྱི་རྡུའི་རྫིན་ཁ་འགྲེམ་ནས་རང་བཞིན་གྱི་ས་བོན་ཐག་གཅོད་སྨན་བཀོལ་ཏེ་པད་ཁའི་ས་བོན་གྱི་མང་ཉུང་གི 5‰ཡི་ཚད་ལྟར་ས་བོན་བསྔོག་དགོས།

3.ལུགས་མཐུན་གྱིས་ཟས་སྦྱོར་ལུད་རྒྱག་བྱེད་པ། མུའུ་རེར་ཚོང་ཟས་ཀྱི་སྐྱེ་ལྡན་ལུད་སྟོང་ཁེ 300དང་། པད་ཁའི་ཆེད་སྤྱོད་ལུད་སྟོང་ཁེ 50རྒྱག་པ།

4.འགྲིག་ཤོག་བཀབ་ནས་འདེབས་པ། རྣམ་པ་གསར་བའི་འགྲིག་ཤོག་འགེབས་པ་དང་ས་བོན་འདེབས་པའི་འཕྲུལ་ཆས་བཀོལ་ནས་བྱེད་ཐེངས་གཅིག་གིས་ས་ཐང་སྙོམས་པ་དང་གནོན་བཙག་བྱེད་པ། འགྲིག་ཤོག་འགེབས་པ། ས་བོན་འདེབས་པ། ས་འགེབས་པ་སོགས་ལས་རིམ་མང་པོ་ཡོངས་འགྲུབ་བྱེད

དགོས་ཤིང་། འགྲིག་ཤོག་ལྷེབ་མོ་རེའི་སྟེང་དུ་ཕྲེང་སྟར་4རེ་བྱས་ཏེ་ཕྲེང་བར་ཡངས་དོག་ཅན་ལྟར་འདེབས་པ་དང་། ཕྲེང་བར་དོག་པ་ལ་ལི་སྨིད་20དང་ཕྲེང་བར་ཡངས་པ་ལ་ལི་སྨིད་40བྱེད་པ། སྦུག་རྐང་གི་བར་ཐག་ལ་ལི་སྨིད་10དང་། འགྲིག་ཤོག་ལྷེབ་མོ་རེའི་བར་ཐག་ལ་ལི་སྨིད་120ཡིན་པ། འདེབས་པའི་ཟབ་ཚད་ལ་ལི་སྨིད་3~4ཡིན།

5.ཞིང་ཁའི་དོ་དམ་གྱི“འགག་སྒོ་བཞི”ལེགས་པོར་བསྒྲུབ་པ། ①ས་བརྟོལ་བའི་འགག་སྒོ། བཏབ་པའི་རྗེས་སུ་གལ་ཏེ་ཆར་བབས་ཚེ་ཞིང་ས་ཁ་ཤས་ཀྱི་འགྲིག་ཤོག་ཐོག་བཀབ་པའི་ས་རྡོག་པོར་ཆགས་པའི་སྣང་ཚུལ་འབྱུང་བ་ཡིན། དེའི་རྐྱེན་གྱིས་སྨྱུ་གུ་ཐོན་པ་ལ་ཤུགས་རྐྱེན་མི་བཟོ་བ་བྱེད་དགོས། ②སྨྱུ་གུ་ཕྱིར་འདོན་དང་ཁྲུང་བུ་བསྲུབ་པའི་འགག་སྒོ། འཕྲུལ་ཆས་ཀྱིས་འགྲིག་ཤོག་བཀབ་ནས་ཁྲུང་འདེབས་བྱེད་པ་ཡིན་པས་ཁྲུང་བུའི་གནས་འཚོལ་བའམ་ཁྲུང་བུ་ཕུག་པ་མཐིལ་ཕྱིན་མིན་པར་བརྟེན་པད་ཁའི་སྨྱུ་གུ་ཐོན་པ་མི་བཟང་བའི་སྣང་ཚུལ་ཡོད་པ་ཡིན། དེའི་སྐབས་སུ་དུས་ཐོག་ཏུ་མི་སྣ་ཙ་འཛུགས་ཀྱིས་སྨྱུ་གུ་ཕྱིར་བཏོན་ཏེ། སྨྱུ་གུ་སྡོད་ཚད་མཐོན་པོས་བསྲིགས་ཏེ་སྨྱུ་གུ་ཡ་མ་གཟུགས་དང་སྨྱུ་གུ་མེད་པ་བཟོ་བར་གཡོལ་དགོས། དེ་དང་ཅབས་ཅིག་སྨྱུ་གུ་ཕྱིར་བཏོན་རྗེས་དུས་ཐོག་ཏུ་ཁྲུང་བུ་བསྲུབས་ཏེ་སྡོད་ཚད་དམའ་མོ་མཐོར་འདེགས་དང་ས་རྒྱུའི་བཞའ་བརླན་སྲུང་འཛིན་བྱེད་དགོས། ③སྨྱུ་གུ་མཐུག་སེལ་དང་སོར་འཛོག་སྨྱུ་གུ་གཏན་ཁེལ་གྱི་འགག་སྒོ། པད་ཁ་སྐྱེས་ནས་ལོ་མ་དངོས3~4ཡི་སྐབས་སྨྱུ་གུ་མཐུག་སེལ་བྱེད་འགོ་བཙམས་ཏེ་ཁྲུང་བུ་རེར་སྨྱུ་གུ་བདེ་ཞིང་ཐང་ལ་སྐྱེ་སྟོབས་ལེགས་པ1~2རེ་བསྐྱུར་དགོས་ཤིང་། སྨྱུ་གུ་མཐུག་སེལ་བྱེད་སྐབས་མིའི་རྩོལ་བས་ཡུར་མ་ཡུར་བ་དང་ཟུང་འབྲེལ་གྱིས་འགྲིག་ཤོག་བར་གསེང་གི་རྩྭ་ལྷམ་གཙང་སེལ་བྱེད་དགོས། ④འབུ་འགོག་གི་འགག་སྒོ། པད་ཁའི་འབུ་འཛོང་རིང་བྱུང་ནས་གནོད་པ་བཟོ་

བ་འགོག་ཆེད། འབུ་གསོད་སྨན་གཏོར་ནས་འགོག་བཅོས་བྱེད་དགོས།

6.སྟུད་པ། མཉམ་འབྲེལ་འབྲིག་སྟུད་དམ་དུས་བགོས་འབྲིག་སྟུད་ལག་རྩལ་སྤྱོད་པ། (རི་མོ 5–6དང་རི་མོ 5–7)

རི་མོ 5–6 པད་ཁ་འཕྲུལ་ཆས་ཅན་གྱིས་འགྱིག་ཤོག་བཀབ་ནས་ཁྲུང་འདེབས་བྱེད་པའི་ལག་རྩལ།

རི་མོ 5–7 འགྱིག་ཤོག་བཀབ་པའི་པད་ཁའི་སྨྱུ་གུའི་དུས་ཀྱི་སྐྱེ་སྟངས།

ས་བཅད་བཞི་བ། པད་ཁའི་གནོད་འགོག་གནོད་འཕྲིའི་ལག་རྩལ།

སའི་གོ་ལ་ཧྲིལ་པོའི་གནམ་གཤིས་འགྱུར་ལྡོག་དང་བསྟུན་ནས་པད་ཁ་ལ་གནོད་སྐྱོན་མང་པོ་འབྱུང་བ་ནི་རང་རྒྱལ་གྱི་པད་ཁའི་ཐོན་མཐོ་གཏན་འཇགས་ལ་ཤུགས་རྐྱེན་བཟོ་བའི་རྒྱུ་རྐྱེན་གཙོ་བོ་གཅིག་ཏུ་གྱུར་ཡོད། དེའི་ཁྲོད་ཐན་སྐམ་དང་དྲོད་ཚད་དམའ་མོས་འཁྱགས་སྐྱོན་འབྱུང་བ། ཞོད་སྐྱོན། པད་ཁར་དྲོད་ཚད་མཐོན་པོས་ཚ་སྐྱོན་འབྱུང་བ། པད་ཁའི་གཉན་སྲིན་གཙང་ནད་སོགས་ནད་

དང་གནོད་པ་ནི་ལོ་ཟླ་མི་འདྲ་བ་དང་ས་ཁུལ་མི་འདྲ་བར་ཁེར་རྐྱང་ངམ་བསྡོལ་མར་འབྱུང་བ་ཡིན། རང་རྒྱལ་གྱི་པད་ཁ་ནི་གཙོ་བོར་ལྷོ་ཕྱོགས་ཀྱི་དགུན་ཁོམ་ཞིང་ས་དང་བྱང་ཕྱོགས་ཀྱི་སྐམ་ཞིང་ཁུལ་དུ་ཁྱབ་པ་ཡིན། དེའི་ཁྲོད་ཀྱི་ཐོན་སྐྱེད་ས་ཁོངས་མང་ཆེ་བའི་རང་བྱུང་ཆ་རྐྱེན་དང་ས་རྒྱུའི་གཤིན་ཚད། ཞིང་ལས་ཀྱི་རྨང་གཞིའི་སྒྲིག་ཆས་སྟོབས་བཅས་ཀྱིས་ཡོངས་ཁྱབ་ཏུ་རྩུང་ཞན་པ་དང་གནོད་འགོག་གནོད་འཕྲིའི་ནུས་པ་ཧ་ཅང་ཉམ་ཆུང་བའི་དབང་གིས་རང་རྒྱལ་གྱི་པད་ཁའི་ཐོན་ཚད་དང་སྤུ་ཕྲུས། ཚོང་རའི་འགྲན་རྩོད་ཀྱི་ནུས་པ་བཅས་ལ་ཤུགས་རྐྱེན་ཚབས་ཆེན་བཟོ་བཞིན་ཡོད། དཔེར་ན། 2006ལོར་འབྲི་ཆུའི་དབུས་རྒྱུད་ས་ཁུལ་དུ་རྒྱ་ཁྱོན་ཆེན་པོས་སྐྱོན་དུས་སུ་ཐན་པ་བྱུང་སྟེ། རང་རྒྱལ་གྱི་ལོ་དེའི་པད་ཁ་འདེབས་འཛུགས་རྒྱ་ཁྱོན་མངོན་གསལ་གྱིས་མར་ཆག 2008ལོར་འབྲི་ཆུའི་སྨད་རྒྱུད་དུ་ལོ 50ནང་འཕྲད་དཀའ་བའི་ཁ་བ་དང་སེར་བའི་འཁྱགས་སྐྱོན་བྱུང་བ་དང་དེའི་འཕྲོར་གློ་བུར་དུ་བྱུང་བའི་གཉན་སྲིན་གཙོང་ནད་ཀྱིས་འབྲི་ཆུའི་དབུས་རྒྱུད་ས་ཁུལ་དུ་པད་ཁ་ཐོན་ཚད་ཆག་པ 30%ཡན་ལ་བསླེབས་པ་བཟོས་པ་རེད། དེའི་ཕྱིར། རང་རྒྱལ་གྱི་པད་ཁ་ཐོན་སྐྱེད་ཁྲོད་རྒྱུན་དུ་མཐོང་བའི་རང་བྱུང་གནོད་འཚེ་དང་སྐྱེ་དངོས་ཀྱི་གནོད་འཚེ་དང་དེའི་འགོག་བཅོས་ཀྱི་བྱེད་ཐབས་དང་། ལྷག་པར་དུ་མཚོ་སྔོན་གྱི་པད་ཁ་ཐོན་ཁུལ་གྱི་གནོད་འཚེ་གཙོ་བོའི་ཁྱད་ཆོས་དང་དེའི་འགོག་བཅོས་ལག་རྩལ་ལ་རྒྱུས་ལོན་དང་ཁོང་དུ་ཆུད་པར་བྱེད་པ་ལ་དོན་སྙིང་གལ་ཆེན་ལྡན་པ་ཡིན།

གཅིག ཐན་སྐྱོན།

(གཅིག)ཐན་སྐྱོན་གྱིས་པད་ཁ་ལ་བཟོ་བའི་གནོད་འཚེ།

རང་རྒྱལ་གྱི་པད་ཁ་ཐོན་ཁུལ་གཙོ་བོ་ནི་གཙོ་བོར་འབྲི་ཆུའི་འབབ་རྒྱུད་ཀྱི་དགུན་འདེབས་པད་ཁ་ཐོན་ཁུལ་དང་བྱང་ཕྱོགས་དཔྱིད་འདེབས་པད་ཁ་ཐོན་

ཁུལ་དུ་ཁྱབ་པ་ཡིན། འབྲི་ཆུའི་དབུས་རྒྱུད་ཀྱི་གྲོན་ཁུལ་དུ་རྒྱུན་པར་སྟོན་དགུན་དུ་ཐན་པའི་གནོད་སྐྱོན་ཐེབས་པ་དང་། འབྲི་ཆུའི་སྟོད་རྒྱུད་དང་བྱང་ཕྱོགས་དཔྱིད་འདེབས་པད་ཁ་གྲོན་ཁུལ་དུ་རྒྱུན་པར་དཔྱིད་ཀར་ཐན་པའི་གནོད་སྐྱོན་ཐེབས་པ་ཡིན། རྒྱུན་པར་ཐན་སྐམ་གྱི་ཆ་རྐྱེན་འོག་ཏུ་པད་ཁས་འཚོ་བཅུད་གཞི་རྒྱུ་རྒྱུན་ལྡན་དང་བསྡུ་ལེན་བྱེད་པར་ཤུགས་རྐྱེན་བཟོས་ཏེ་པད་ཁ་ལ་གཞི་རྒྱུ་དཀོན་པའི་རང་བཞིན་གྱི་སོ་མ་དམར་པོར་འགྱུར་བ་དང་སྐྱེ་འཚར་དལ་བ་འབྱུང་ལ། ཚབས་ཆེ་བ་ལ་པད་ཁའི་སྡོང་རྐང་གི་པོན་གཞི་རྒྱུའི་འདུས་ཚད་མར་ཆག་སྟེ་པད་ཁ་ལ་མེ་ཏོག་བཞད་པ་ལས་འབྲས་བུ་མི་ཐོགས་པ་བཟོ་སྲིད། དེ་ལས་གཞན། ཐན་སྐམ་གྱིས་ད་དུང་པད་ཁ་ལ་སྐྱེ་དངོས་གནོད་འབུ་དང་སྐྱེ་འབུ་ལྡང་ནག་སོགས་འབྱུང་སླ་བར་བྱས་ཏེ། འབུ་སྐྱོན་དང་མཉམ་བྱུང་རང་བཞིན་གྱི་གཉན་སྲིན་དུག་ནད་ཀྱི་གནོད་པ་ཇེ་སྡུག་ཏུ་གཏོང་བ་ཡིན།

(གཉིས)པད་ཁའི་ཐན་སྐྱོན་གྱི་ཚད་རིམ་དབྱེ་བགོ

ཐན་སྐྱོན་གྱི་དཔྱད་འཇོག་དམིགས་ཚད་ལ་གནམ་གཤིས་ཀྱི་ཐན་སྐམ་ལ་བསམ་གཞིག་བྱེད་དགོས་པ་མ་ཟད། ལོ་ཏོག་གི་བརྟན་གྱི་དགོས་མཁོའི་གནས་ཚུལ་ལའང་བལྟ་དགོས་པ་ཡིན། པད་ཁའི་ཐན་སྐམ་གྱི་དཔྱད་འཇོག་ཁྲོད་དུ་ཕྱིར་བཏང་པད་ཁའི་སྐྱེ་འཚར་ལ་བརྟན་མཁོ་བའི་གནད་འགག་དུས་སྐབས་ནང་བསྡུད་མར་ཕན་ནུས་ལྡན་པའི་ཆར་བ་མེད་པའི་ཉིན་གྲངས(ཉིན)གཞིར་བཟུང་སྟེ། པད་ཁར་ཐན་སྐྱོན་བྱུང་བའི་ཚད་རིམ་པ་བཞི་རུ་དབྱེ་བ་སྟེ། ཚད་རིམ་ཡང་མོའི་ཐན་སྐམ་ནི། ཕན་ལྡན་ཆར་བ་མེད་པའི་རྒྱུན་བསྲིངས་ཉིན་གྲངས་ཉིན 10~20ལ་བསླེབས་པ། ཚད་རིམ་འབྲིང་གི་ཐན་སྐམ་ནི། ཕན་ལྡན་ཆར་མེད་པའི་རྒྱུན་བསྲིངས་ཉིན་གྲངས་ཉིན 21~30ལ་བསླེབས་པ། ཐན་སྐམ་ཚབས་ཆེན་ནི། ཕན་ལྡན་ཆར་བ་མེད་པའི་རྒྱུན་བསྲིངས་ཉིན་གྲངས་ཉིན 31~45ལ་

བསླེབས་པ། ཐན་སྐམ་ཏུ་ཅང་ཆེན་པོ་ནི། ཕན་ལྷན་ཆར་བ་མེད་པའི་རྒྱུན་བགྲིངས་ཉིན་གྲངས་ཉིན 45ལས་མང་བ་བཅས་ཡིན།

(གསུམ)པད་ཁའི་ཐན་སྐམ་གནས་ཚུལ་གྱི་བརྟག་དཔྱད་བྱ་ཐབས་དང་རིམ་དབྱེའི་ཚད་གཞི།

སྐབས་བསྟུན་གྱིས་སྡོང་ཁང 100བདམས་ཏེ་མ་དཔེ་བྱེད་པ་དང་། ཞིང་ཁར་མིག་གིས་ལྟ་ཞིབ་བྱེད་པ། བརྟག་དཔྱད་བྱེད་པའི་སྡོང་ཁང་གི་གནས་ཚུལ་ལྟར་ཐན་སྐམ་གྱི་ཚད་གཏན་ཁེལ་བྱེད་པར། སྤྱིར་བཏང་རིམ་པ་ལྔ་རུ་དབྱེ་བ་སྟེ། རིམ་པ“0”སྡོང་ཁང་རྒྱུན་ལྡན་ཡིན་པ། ལོ་མ་རྙིད་མེད་པ། རིམ་པ“1”20%ནང་ཚུད་ཀྱི་སྨད་ཆའི་ལོ་མ་རྙིད་པ། རིམ་པ“2”20%~50%ཡི་ལོ་མ་རྙིད་ནས་བསྐུམས་པ། འོན་ཀྱང་ལྟེ་སྙིང་ལོ་མ་རྒྱུན་ལྡན་ཡིན་པ། རིམ་པ“3” སྡོང་ཁང་གི་ལོ་མ་མང་ཆེ་བ་རྙིད་ཅིང་སྐམ་པ། ཡིན་ནའང་ལྟེ་སྙིང་ལོ་མ་སྔར་བཞིན་གསོན་པ་དང་སྡོང་ཁང་ད་དུང་སླར་སོས་ནས་སྐྱེ་འཚར་འགྱུར་ཐུབ་པ། རིམ་པ“4”ལོ་མ་ཆེ་བ་དང་ལྟེ་སྙིང་ལོ་མ་བསྐུམས་ཤིང་ཤི་བར་ཉེ་བ།

འདིར་འབྲེལ་བའི་ཐན་སྐམ་གྱི་སྟོན་གྲངས་ནི། ཐན་སྐམ་གྱི་སྟོན་གྲངས $(\%)=1\times S\mathrm{I}+2\times S\mathrm{II}+3\times S\mathrm{III}+4\times S\mathrm{IV}\times 100$

བརྟག་དཔྱད་བྱེད་པའི་སྡོང་ཁང་གི་སྤྱིའི་གྲངས་ཀ×4ཡིན། SⅠདང SⅡ SⅢ SⅣབཅས་ཀྱིས་རིམ་པ 1~4ཡི་ཐན་སྐམ་གྱི་པད་ཁའི་སྡོང་ཁང་གྲངས་ཀ་མཚོན་པ་ཡིན།

(བཞི)པད་ཁའི་ཐན་འགོག་ལག་རྩལ་གྱི་བྱེད་ཐབས།

པད་ཁའི་ཐན་འགོག་ལག་རྩལ་གྱི་བྱེད་ཐབས་ལ། ①ཐན་འགོག་ཐན་བཟོད་ཀྱི་ས་བོན་བདམས་སྤྱོད་བྱེད་པ། ②ཆུ་གྲོན་ཆུང་སྙོམས་བཏང་ནས་ཐན་པ་འགོག་པ། ③ཐན་འགོག་གི་འདེབས་གསོ་ལག་རྩལ། ④གནོད་སྐྱོན་གྱི་རྗེས་སུ་

སྟེང་ལུད་བརྒྱབ་ནས་སྨྱུ་གུའི་སྐྱེ་འཚར་ལ་སྐུལ་འདེད་བྱེད་པ། ⑤བོན་ལུད་སྟེང་ལུད་དུ་རྒྱག་པ། ⑥ནད་དང་འབུ་ཡི་གནོད་སྐྱོན་འགོག་བཅོས་བྱེད་པ་བཅས་འདུ་བ་ཡིན།

གཉིས། པད་ཁའི་གྲང་སྐྱོན་དང་འཁྱགས་སྐྱོན།

གྲང་སྐྱོན་དང་འཁྱགས་སྐྱོན(དབྱིད་ལྷོག་གྲང་ངར་འདུ་བ)ནི་དྲོད་ཚད་དམའ་མོས་པད་ཁའི་རྒྱུན་ལྡན་གྱི་སྐྱེ་འཚར་ལ་ཤུགས་རྐྱེན་ངན་པ་ཐེབས་ཏེ་བཟོས་པའི་གནོད་འཚེ་ལ་སྟོན་པ་ཡིན། དེའི་ཁྲོད། འཁྱགས་སྐྱོན་ནི་གནམ་གཤིས་དྲོད་ཚད 0℃མན་ལ་ཆག་སྟེ་པད་ཁའི་སྡོང་རྐང་གི་གཟུགས་པོའི་ནང་ཆབ་རོམ་ཆགས་ནས་སྡོང་རྐང་ལ་རྨས་སྐྱོན་ཕོག་པའམ་ཤི་བར་འགྱུར་བ་ལ་སྟོན་པ་དང་། གྲང་སྐྱོན་ནི 0℃ཡན་གྱི་དྲོད་ཚད་དམའ་མོས་པད་ཁའི་སྐྱེ་འཚར་འཚར་ལོངས་ལ་བཟོས་པའི་གནོད་སྐྱོན་ལ་སྟོན་པ་ཡིན། དབྱིད་ལྷོག་གྲང་ངར་ནི་དབྱིད་དུས་གནམ་གཤིས་ཇེ་དྲོར་འགྲོ་བའི་བརྒྱུད་རིམ་ཁྲོད་མཁའ་རླུང་གྲང་མོ་འཛུལ་བའི་རྐྱེན་གནམ་གཤིས་དྲོད་ཚད་མངོན་གསལ་གྱིས་མར་ཆག་སྟེ་པད་ཁ་ལ་གནོད་འཚེ་བཟོ་བར་བྱེད་པའི་གནམ་གཤིས་ལ་སྟོན་པ་ཡིན།

(གཅིག)པད་ཁའི་འཁྱགས་སྐྱོན་གྱི་རིགས་དབྱེ་དང་ནད་རྟགས།

པད་ཁའི་འཁྱགས་སྐྱོན་ལ་རིགས་གསུམ་འདུ་བ་ཡིན། དང་པོ་ནི་རྩ་བ་བཀོག་ཅིང་སྨྱུ་གུ་ལོག་པ། ས་རྒྱུའི་འཁྱགས་པ་སྨུ་མཐུད་ཞུ་བའི་གནས་ཚུལ་འོག་ས་རིམ་ཡར་བཏེགས་ཏེ་རྩ་ལག་ཕྱིར་མངོན་ཞིང་། སྡོང་རྐང་གི་བརྟན་དང་ལུད་བསྡུ་ལེན་བྱེད་པའི་ནུས་པ་མར་ཆག་པ་དང་། རྩ་ལག་ལའང་འཁྱགས་སྐྱོན་འབྱུང་སླ་བ་རེད། གཉིས་པ་ནི་ལོ་མར་འཁྱགས་པ་ཆགས་པ། འཁྱགས་པ་ཆགས་པའི་ལོ་མ་ནི་འཚིག་རྨས་ཆུས་བངས་པའི་རྣམ་པར་མངོན་ཞིང་། དྲོད་ཚད་ཕྱིར་ཇེ་མཐོར་སོང་དུས་ལོ་མ་སེར་པོར་འགྱུར་བ་དང་། མཐའ་མཇུག

དཀར་པོར་གྱུར་ཏེ་སྐམ་པར་འགྱུར། ཚབས་ཆེ་བ་སྡོང་རྐང་གི་ས་ཁའི་ཁག་སྐམ་པའམ་སྡོང་རྐང་ཧྲིལ་པོ་སྐམ་པར་བྱེད་པ་ཡིན། གསུམ་པ་ནི་ཐེའུ་དང་མེ་ཏོག་ལ་འབྲུགས་པ་ཆགས་པ། པད་ཁའི་ཐེའུ་མདོག་དམར་སེར་དུ་མཛེས་ཞིང་ཕྱི་ཤུན་གས་པ། ཐེའུ་ཁག་ཅིག་གས་ཤིང་དུམ་བུར་ཆག་པ་དང་། མེ་ཏོག་གི་ཀ་ལག་འཚར་སྐྱེ་འབྱུང་བ་དལ་བའམ་ཡ་མ་གཟུགས་སུ་མངོན་ཞིང་། ཐེའུ་འབྲུ་ཕོ་མོ་སྦེབ་སྦྱོར་བྱེད་པ་དང་འབྲས་བུ་འདོགས་པར་ཤུགས་རྐྱེན་བཟོས་ཏེ་ཐོན་ཚད་མར་ཆག་པ་ཚབས་ཆེ་བ་འབྱུང་། དཔྱིད་ཉོག་གྲང་ངར་གྱིས་གཙོ་བོར་དགུན་འདེབས་པད་ཁ་ཐོན་ཁུལ་དུ་པད་ཁའི་ཐེའུ་དང་མེ་ཏོག་བཤད་པ་ལ་ཤུགས་རྐྱེན་བཟོས་ཏེ། མེ་ཏོག་གི་བང་རིམ་སྟེང་དུས་བགོས་ཀྱིས་གང་བུ་འདོགས་པའི་སྣང་ཚུལ་འབྱུང་བ་ཡིན་ལ། དཔྱིད་ཉོག་གྲང་ངར་དང་འཕྲད་སྐབས་ལོ་མ་དང་སྡོང་ཕུ་ལ་དུས་མཉམ་གཅིག་ཏུ་འབྲུགས་སྐྱོན་ཐེབས་པའི་སྣང་ཚུལ་འབྱུང་བར་བྱེད། (རི་མོ 5–8དང་རི་མོ 5–9)

རི་མོ 5–8 པད་ཁའི་ཞིང་ཁ་ཆེན་པོར་འབྲུགས་སྐྱོན་ཐེབས་པ།

རི་མོ 5–9 པད་ཁའི་ལོ་མར་འབྲུགས་སྐྱོན་ཐེབས་པའི་རྣམ་པ།

(གཉིས)པད་ཁའི་གྲང་སྐྱོན་གྱི་རིགས་དབྱེ་དང་ནད་རྟགས།

པད་ཁའི་གྲང་སྐྱོན་ལ་རིགས་གསུམ་འདུ་བ་ཡིན། དང་པོ་ནི་དལ་

འགྱངས། པད་ཁའི་སྐྱེ་འཚར་དུས་ཡུན་མངོན་གསལ་གྱིས་དལ་འགྱངས་བྱེད་པ། གཉིས་པ་ནི་བར་བགེགས་ཀྱི་རྣམ་པ། ཐེའུ་དང་མེ་ཏོག་ལ་གནོད་པ་བྱས་ཏེ་ཟེའུ་འབྲུ་ཕོ་མོ་སྦེལ་སྦྱོར་བྱེད་པ་དང་འབྲས་བུ་འདོགས་པར་ཤུགས་རྐྱེན་བཟོ་བ། གསུམ་པ་ནི་མཉམ་བསྲེས་རྣམ་པ། དལ་འགྱངས་རྣམ་པ་དང་བར་བགེགས་རྣམ་པ་གཉིས་ཀ་ལྷན་དུ་འབྱུང་བ། ནད་རྟགས་གཙོ་བོར་ལོ་མའི་སྟེང་དུ་མངོན་པ་ཡིན་ཏེ། ཚེ་ཆུང་མི་འདྲ་བའི་སྐམ་རྙེད་ཀྱི་ཁྲ་ཐིག་འབྱུང་བ། ལོ་མ་མདོག་སྐྱ་བོར་འགྱུར་བ་དང་སེར་པོར་འགྱུར་བ། ལོ་མ་རྙེད་པ་སོགས་ཀྱི་ནད་རྟགས་འབྱུང་བ་ཡིན།

(གསུམ)པད་ཁའི་གྲང་སྐྱོན་དང་འཁྱགས་སྐྱོན་གྱི་ཚད་རིམ་དབྱེ་བགོ

གཙོ་བོར་དྲོད་ཚད་དམའ་མོས་པད་ཁའི་སྡོང་རྐང་གི་རྐྱང་རིང་ལོ་མ་དང་ལྟེ་སྙིང་ལོ་མ། སྐྱེ་འཚར་གནས་བཅས་ལ་ཐེབས་པའི་ཤུགས་རྐྱེན་ལ་ཆེད་དམིགས་ཀྱིས་གཤམ་གྱི་རིམ་པ་བཞི་རུ་བགོས་པ་ཡིན།

1. ལོ་མ་ཆེ་བ་རེ་འགར་འཁྱགས་རྨས་བྱུང་བ། གནོད་འཚེ་ཐོག་པའི་ལོ་མ་རིམ་པའི་ཆ་ཤས་དཀར་སྐྱ་རུ་གྱུར་པ། ལྟེ་སྙིང་ལོ་མ་རྒྱུན་ལྡན་ཡིན་ཞིང་རྩ་སྡོང་ལ་སྐྱོན་མེད་པ། སྐྱེ་འཚར་གནས་ལ་འཁྱགས་པ་ཐེབས་མེད་པ། སྡོང་རྐང་སྐམ་ཚད 5%མན་ཡིན་པ།

2. གྲངས་ཕྱེད་ལོ་མར་འཁྱགས་པ་ཐེབས་ཤིང་། གནོད་འཚེ་ཐེབས་པའི་ལོ་མ་རིམ་པའི་ཆ་ཤས་སམ་ཁག་ཆེ་ཤོས་རྙེད་པ། སྡོང་རྐང་རེ་འགའི་ལྟེ་སྙིང་ལོ་མ་དང་སྐྱེ་འཚར་གནས་ལ་འཁྱགས་པ་ཐེབས་ནས་ཆུས་བངས་པའི་རྣམ་པ་མངོན་པ། སྡོང་རྐང་སྐམ་ཚད 5%~15%ཡིན་པ།

3. ལོ་མ་ཆེ་བ་ཡོངས་རྫོགས་ལ་འཁྱགས་པ་ཐེབས་ནས་རྙེད་པ། སྡོང་རྐང་གི་ལྟེ་སྙིང་ལོ་མ་ཁག་ཅིག་དང་སྐྱེ་འཚར་གནས་ལ་འཁྱགས་པ་ཐེབས་ཏེ་ཆུས་

བཏང་བའི་རྣམ་པར་མངོན་པ། སྡོང་རྐང་སྐམ་ཚད 15%~50%ཡིན་པ།

4.ས་ཁའི་ཁག་ཉིད་པ་ཚབས་ཆེ་བ། སྡོང་རྐང་གི་ལྗི་སྙིང་ལོ་མ་མང་ཤོས་དང་སྐྱེ་འཚར་གནས་ལ་འབྲུགས་པ་ཐེབས་ནས་རྒྱུས་བཏང་བའི་རྣམ་པ་མངོན་པ། སྡོང་རྐང་སྐམ་ཚད 50%ཡན་ཡིན་པ།

གསུམ། གྲང་དར་ཆེ་བའི་རི་ཁུལ་གྱི་དབྱིད་འདེབས་པད་ཁའི་གནོད་འཚེ་གཙོ་བོའི་ཁྱད་ཆོས་དང་གནོད་འཚེ་འགོག་བཅོས་ཀྱི་བྱེད་ཐབས།

གྲང་དར་ཆེ་བའི་རི་ཁུལ་ནི་ཆ་སྙོམས་ཀྱི་མཚོ་ངོས་ལས་མཐོ་ཚད་སྨིད 2800~3200ཡིན་ཞིང་། ལོའི་ཆ་སྙོམས་ཀྱི་དྲོད་ཚད 0 ~2℃དང་། ལོའི་ཆར་ཆུ་འབབ་ཚད་ཧ་འོ་སྨིད 500ཡན་ཡིན་པ། དྲོད་ཚད་དམའ་ཞིང་ལྷགས་འགྱུར་གྱི་ཚད་ཆུང་བ། དེའི་ཁར་པད་ཁའི་སྐྱེ་འཚར་གྱི་དུས་ཚིགས་ཐུང་ཞིང་། སད་མེད་པའི་དུས་ཐུང་བ། ཚོ་འདེབས་རགས་ལས་ཡིན་པ། མི་གྲངས་ཉུང་ལ་ས་ཞིང་མང་བ། ཞིང་ནང་དུ་རྩྭ་ལྷམ་ཚུང་མང་བ་ཡིན། སྐྱེ་འཚར་དུས་ཡུན་ཐུང་བའི་ཚོད་དཀར་དབྱིབས་ཀྱི་པད་ཁའམ་པད་ལོག་དབྱིབས་ཀྱི་པད་ཁ་འདེབས་འཛུགས་བྱེད་པར་འཚམ་པ་ཡིན། གནོད་འཚེ་གཙོ་བོ་ནི་སེར་བ་དང་སད་བརྒྱབ་ནས་འབྲུགས་པ། རྩྭ་ལྷམ་གྱི་གནོད་པ་སོགས་ཡིན།

(གཅིག)ཞིང་ཁའི་རྩྭ་ལྷམ་གྱི་འགོག་བཅོས་བྱེད་ཐབས།

ས་ཁུལ་འདིའི་སྤྱིར་བཏང་གི་རྩྭ་ལྷམ་གྱི་གནོད་འཚེའི་ཚད 18%ཡས་མས་ཡིན་ཞིང་། ཚབས་ཆེ་བའི་ཞིང་སར 50%ལ་བསླེབས་པ་དང་། སྤྱིང་གྲུད་ཀྱི་ཚད 20%ཡས་མས་ཡིན། རྩྭ་ལྷམ་གཙོ་བོ་ནི་ཡུག་པོ་དང་རྩྭ་པོ་ཧྲུའོ། རྩྭ་ཞེ་ཁྱུང་སོགས་ཡིན། འགོག་བཅོས་བྱེད་ཐབས་ལ“སྔོན་འགོག་གཙོར་འཛིན་པ་དང་། ཕྱོགས་བསྡུས་འགོག་བཅོས་བྱེད་པའི”བྱེད་ཐབས་ལག་བསྟར་བྱེད་དགོས་ཤིང་། མིའི་རྩོལ་བས་ཡུར་མ་ཡུར་བ་དང་ཞིང་ལས་ཀྱི་འགོག་སེལ།

སྨན་རྫས་ཀྱིས་འགོག་སེལ་བྱེད་པ་བཅས་ཟུང་འབྲེལ་དམ་ཚགས་བྱེད་དགོས་པ་ཡིན། རྩ་ལྷུམ་ཚབས་ཆེ་བའི་ས་ཁུལ་དུ་སྨན་རྫས་ཀྱིས་རྫས་འགྱུར་རྩ་སེལ་བྱེད་པ་ཁྱབ་སྤེལ་ཏུར་ཐག་བྱེད་དགོས། སྤྱིར་བཏང་དུ་མ་བཏབ་སྔོན་ལ་རྩྭ་ལེ་ལིང་བཀོལ་ནས་ས་རྒྱུ་ལ་ཐག་གཅོད་བྱེད་པ་དང་། བད་ཁའི་སྦྲུ་གུའི་དུས་ཕྱུན་ཧྲ་ཧྲིག་དང་ཀའོ་ཞའོ་ཀའི་ཚའོ་ནེང་སྤྱད་དེ་སྨན་རྫས་ཀྱིས་འགོག་བཅོས་བྱེད་དགོས། བད་ཁའི་སྦྲུ་གུའི་དུས་ནི་སྐྱེ་སྟོབས་ལེགས་པའི་སྦྲུ་གུ་འདེབས་གསོ་བྱེད་པའི་གནད་འགག་གི་དུས་སྐབས་ཡིན་ཞིང་། འདིའི་སྐབས་སུ་རྩ་ལྷུམ་གྱི་སྐྱེ་འཚར་རབ་ཏུ་རྒྱས་པ་ཡིན། གལ་ཏེ་དུས་ཐོག་ཏུ་འགོག་སེལ་མ་བྱས་ཚེ་སྦྲུ་གུ་རྩ་ལྷུམ་གྱིས་གཡོགས་པ་དང་སྦྲུ་གུར་རྩ་ལྷུམ་གྱིས་མནར་བའི་སྣང་ཚུལ་འབྱུང་སླ་ཞིང་། བད་ཁའི་སྐྱེ་འཚར་མི་ལེགས་པར་བཟོས་ཏེ་སྦྲུ་གུ་ཉམ་ཞན་དུ་འགྱུར་བ་དང་ཐོན་ཚད་མར་ཆག་པར་བྱེད་པ་ཡིན། དེའི་ཕྱིར། བད་ཁའི་སྦྲུ་གུའི་དུས་ཀྱི་རྫས་འགྱུར་གྱིས་རྩ་ལྷུམ་སེལ་བར་སྤ་བ་དང་ཆུང་བ་དམ་འཛིན་བྱེད་དགོས། རྩ་ལྷུམ་གྱི་ལོ་མ་3~4ཡི་སྐབས་མུའུ་རེར6.9%ཅན་གྱི་ཞེ་པ་ཏའོ་ཁེ70འམ་ཡང་ན་ཀའོ་ཞའོ་ཀའི་ཚའོ་ནེང་ཏའོ་ཧྲིན30~35ཆུ་སྟོང་ཁེ15ལ་བསྡེབས་ཏེ་སྨན་རྫས་ཀྱིས་རྩ་ལྷུམ་སེལ་བར་བྱས་ན་ནུས་པ་ལྡན་པའི་སྔོ་ནས་ཡུག་པོ་སོགས་སྐྱེ་མ་ཅན་གྱི་རྩ་ལྷུམ་འགོག་སེལ་བྱེད་ཐུབ། མུའུ་རེར་ཀའོ་ཐེ་ཁེ་ཁེ30~40བཀོལ་ཚེ་རྩ་པོ་རྒྱུའོ་དང་བྱེ་ཙུག་ཏུའི་ལི་སོགས་ལོ་མ་ཆེ་བའི་རྩ་ལྷུམ་འགོག་ཐུབ།

(གཉིས)སེར་བ་དང་སད་རྒྱག་པ་སྔོན་འགོག་བྱེད་ཐབས།

ས་ཁུལ་འདིའི་གནམ་གཤིས་འགྱུར་ལྡོག་ཆེ་ཞིང་། སེར་བ་དང་སད་རྒྱག་པ་ནི་རྒྱུན་དུ་བསྐོལ་མར་འབྱུང་བ་ཡིན། ལོ་རེར་སེར་བ་འབབ་པ་ཆ་སྙོམས་ཐེངས་ཡན་ཡིན་པ་དང་། ལོ་གསུམ་རེའི་ནང་སད་ཀྱི་གནོད་པའམ་སེར་བའི་གནོད་པ་ཚུང་ཆེན་པོ་རེ་འབྱུང་བ་ཡིན། ས་གནས་སུ་རྒྱུན་པར"ས་ལ་བརླན

བྱུང་གནམ་ལ་སྤྲིན་སེར་འཁྲིགས། ས་ཡི་སྨྱུ་གུར་དོགས་ཟོན་བྱེད་པར་འཚལ” ཞེས་པའི་བཤད་ཚུལ་ཡོད་པ་རེད། པད་ཁའི་སྔོན་འགོག་བྱེད་ཐབས་ལ་གསུམ་ཡོད་དེ། དང་པོ་ནི་སེར་བའི་གནོད་པ་སྔོན་འགོག་གི་སྔོན་བརྡ་ལེགས་པོར་བསྒྲུབ་དགོས། གཉིས་པ་ནི་སྐྱེ་འཚར་གྱི་གོ་རིམ་ཁྲིད་དུས་ཡུན་ཐུང་ཐུང་བའི་དྲོད་ཚད་དམའ་སོའམ་སད་རྒྱག་པ་བསྲན་ཐུབ་པ་དང་། ལྷག་པར་དུ་མེ་ཏོག་བཞད་ལ་ཉེ་བའི་སྐབས་དྲོད་ཚད་སྤྱིར་བཏང་གི་ས་བོན་ལས 5~7℃དམའ་བར་ཐུང་བ་མ་ཟད། གནོད་པ་ཐེབས་རྗེས་སུ་དུས་ཚོད་ཐུང་ཐུང་ངུའི་ནང་སྐྱེ་འཚར་སླར་གསོ་ཐུབ་པའི་ཚོད་དཀར་དབྱིབས་ཀྱི་པད་ཁའམ་ཤིན་ཏུ་ཐུ་སྨིན་གྱི་པད་ལོག་དབྱིབས་ཀྱི་པད་ཁ་ཁྱབ་གདལ་བྱེད་དགོས། གསུམ་པ་ནི་ས་གཏིང་མ་དྲོས་སྔོན་དུ་འདེབས་པའི་བྱེད་ཐབས་སྤྱད་དེ་སྐྱེ་འཚར་ལ་དྲོད་གསོག་པ་བརྩོན་ལེན་བྱེད་གདོས།

ལེའུ་དྲུག་པ། མཚོ་སྔོན་གྱི་པད་ཁའི་ནད་དང་འབྲུ་ཡི་གནོད་པ་གཙོ་བོའི་འགོག་བཅོས།

གཅིག པད་ཁར་འབྲུ་སྨིན་འབྱུང་བ་དང་འགོག་བཅོས།

(གཅིག)པད་ཁའི་ལྗིང་སྦུར་རྒྱབ་སེར།

ལྗིང་སྦུར་རྒྱབ་སེར་ནི་པད་ཁའི་སྨྱུ་གུའི་དུས་ཀྱི་གནོད་འབུ་གཙོ་བོ་ཡིན་ཞིང་། འབུ་དར་མ་དང་འབུ་ཕྲུག་ཚང་མས་གནོད་པ་བཟོ་ཐུབ་པ་ཡིན། འབུ་དར་མས་པད་ཁའི་ལོ་མ་ཟ་ཞིང་སོ་བཏབ་ནས་ཁུང་བུ་མང་པོ་བཏོད་པ་དང་། ཚབས་ཆེ་བའི་དུས་ལོ་མ་ཧྲིལ་པོ་ཟོས་ཚར་བ་ཡིན། འབུ་དར་མས་ཆུང་ཞིང་མཉེན་པའི་ཁག་བཟའ་བར་དགའ་ཞིང་། པད་ཁ་ལ་སྐྱེ་རྟེན་ལོ་མ་ཐོག་མར་ཐོན་པའི་དུས་སྐྱེ་རྟེན་ལོ་མ་དང་སྐྱེ་འཚར་གནས་ཟོས་ཏེ་ཞིང་ཁར་ལོ་མ་ཡུག་གཅིག་ཏུ་སྐམ་པ་དང་རྒྱ་ཁྱོན་ཆེན་པོས་སྨྱུ་གུ་མེད་པར་བྱེད་པ། ཐ་ན་ཞིང་ཁ་ཧྲིལ་པོའི་ས་བོན་རྩ་བརླག་ཏུ་གཏོང་བར་བྱེད། མེ་ཏོག་བཞད་དེ་རྣ་འབྲས་འདོགས་པའི་དུས་འབུ་དར་མས་མེ་ཏོག་གི་ཐེའུ་དང་ཆུང་ཞིང་མཉེན་པའི་རྣ་འབྲས་ཟོས་ཏེ་རྒྱུན་ལྡན་དུ་འབྲས་བུ་ཐོགས་པ་ལ་བར་ཆད་བཟོ་བ་ཡིན། འབུ་ཕྲུག་གིས་རྩ་བའི་ཁག་ལ་གནོད་པ་བཟོ་བ་ཡིན། རྩད་པའི་ཤུན་ལྤགས་ཟ་བ་མ་ཟད་རྩད་པའི་ཕྱི་ངོས་སུ་ཨ་ལོང་དབྱིབས་ཀྱི་འབུ་ལམ་བཏོད་དེ་པད་ཁ་ཕྱི་ནས་ནང་ལ་རིམ་བཞིན་སེར་པོར་གྱུར་ཅིང་མཐའ་མཇུག་ཉིད་དེ་སྐམ་པར་བྱེད་པ་ཡིན། (རི་མོ 6–1)

རི་མོ 6–1 ཞིང་སྲུར་རྒྱབ་སེར་འབུ་དར་མ།

(གཉིས)པད་ཁའི་འབུ་འཇོང་རིང་།

པད་ཁའི་འབུ་འཇོང་རིང་གི་གནོད་འཚེའི་ཁྱད་ཆོས་གཙོ་བོའི་མངོན་སྣང་ནི་འབུ་དར་མས་ལོ་མ་དང་སྡོང་ཀང་མཉེན་མོ། རྣ་འབྲས་ཀྱི་ཕྱི་ཤུན་མཉེན་མོ་ཟ་བ་དང་། པད་ཁའི་སྡོང་ཀང་གི་ཁག་ཟོས་པའི་ཁུང་བུ་ནང་འབུ་སྒོང་བཏང་ནས་སྡོང་ཀང་ལ་ཤུགས་རྐྱེན་བཟོས་ཏེ་ཆེར་སྐྲོས་པ་དང་གུག་ཅིང་འཁྱོག་པ། གསལ་པར་བྱུས་ཏེ་སྡོང་ཀང་ཉལ་བ་དང་ཆག་སླ་བར་བྱེད་ཅིང་། ཡལ་ག་དང་རྣ་འབྲས་མངོན་གསལ་གྱིས་ཇེ་ཉུང་དུ་འགྲོ་བ་ཡིན། འབུ་ཕྲུག་སྒོང་ལས་ཐོན་རྗེས་སྡོང་ཀང་གི་ཁོག་ཏུ་འཛུལ་ཞིང་། གཤམ་ནས་སྟེང་དུ་སྡོང་ཀང་གི་ནང་སྙིང་ཟོས་ཏེ་སྡོང་ཀང་རྒྱུན་དུ་ཁོག་སྟོང་དུ་ཕུད་པ་དང་། ཕྱི་གཟུགས་འཁྱོག་ཅིང་གསལ་པར་བྱེད་པ་ཡིན། གནོད་འཚེ་ཐེབས་པ་ཡང་མོའི་རིགས་ལ་མེ་ཏོག་བཀད་དེ་འབྲས་བུ་ཐོགས་ཐུབ་ནའང་སྨ་སྨུར་གྱིས་སེར་པོར་འགྱུར་ཞིང་འབྲུ་ཤམ་གང་བ་འབྱུང་ལ། ཕོ་མོའི་རིགས་མེ་ཏོག་གི་བང་རིམ་འཁྲུམ་ཞིང་སྔོན་པོར་སྐམ་ཤི་བྱེད་པ་ཡིན།

(གསུམ)པད་ཁའི་སྲུར་འབུ་ཇ་འཇུར།

པད་ཁའི་སྲུར་འབུ་ཇ་འཇུར་ནི་མང་ཆེར་པད་ཁའི་ཐེའུ་ཡི་དུས་སུ་འབྱུང་

བ་ཡིན། འབུ་དང་མ་དང་འབུ་ཕྲུག་གཉིས་ཀས་པད་ཁའི་མེ་ཏོག་གི་ཐེའུ་དང་ཟེའུ་འབྲུ་ཟོ། མེ་ཏོག་གི་ཡུ་བ། འདབ་སྐོགས། གསར་ཞིང་མཉེན་པའི་གང་བུ་བཅས་ཟོས་ཏེ་གནོད་འཚེ་བཟོ་བ་དང་། ཐེའུ་དང་མེ་ཏོག་སྙིང་ཅིང་སྐམ་པར་བྱས་ཏེ་རྒྱུན་ལྡན་དུ་འབྲས་བུ་ཐོགས་མི་ཐུབ་པ་ཡིན། (རི་མོ 6–2)

རི་མོ 6–2 སྲུར་འབུ་ཛ་འཛར་གྱི་གནོད་པ།

(བཞི)མེ་ལྕེབ་འབུ་ཕྲུག

མེ་ལྕེབ་འབུ་ཕྲུག་གིས་གཙོ་བོར་པད་ཁ་དང་པད་ལོག མེ་ཚལ་སོགས་ལ་གནོད་པ་བཟོ་བ་ཡིན། ལོ་ན་ཕྲ་བའི་འབུ་ཕྲུག་གིས་ལོ་མའི་ནང་ཤ་ཁོན་ཟོས་ཏེ་ཕྱི་ལྤགས་བསྐྱུར་ནས་སྡོ་ཚོད་ཀྱི་ལོ་མའི་ཐོག་ཏུ་དྭངས་གསལ་གྱི་ཁྲ་ཐིག་གྲུབ་པ་དེར“གནམ་འབྱེད་སྒེའུ་ཁུང”ཟེར་བ་ཡིན། ན་ཚོད 3~4ཅན་གྱི་འབུ་ཕྲུག་གིས་སྡོ་ཚོད་ཀྱི་ལོ་མ་ཟོས་ཏེ་ཨི་ཁུང་དང་ཤོ་རལ་བཟོ་ཞིང་། ཚབས་ཆེ་བའི་སྐབས་ལོ་མ་ཧྲིལ་པོ་ཟོས་ཏེ་དྲ་ཚགས་ཀྱི་གཟུགས་སུ་བཟོ་བ་ཡིན། མེ་ཏོག་གི་དུས་ལ་གསར་ཞིང་མཉེན་པའི་པད་ཁའི་སྡོང་རྐང་དང་གསར་སྐྱེས་གང་བུ། འབྲུ་རྡོག་བཅས་ལ་གནོད་པ་བཟོས་ཏེ་འབྲས་བུ་འདོགས་པར་ཤུགས་རྐྱེན་བཟོ་བ་ཡིན། མེ་ཏོག་རྒྱ་ཁྲམ་དབྱིབས་ཀྱི་སྡོ་ཚོད་བསྡུད་འདེབས་ཁུལ་དུ་མེ་ལྕེབ་འབུ་ཕྲུག་གི་སྐྱོ་རྣམ་ཆེ་བའི་གནོད་འཚེ་འབྱུང་བ་ཡིན། གཉན་འགོག་རང་བཞིན་དྲག་ཅིང་ཞིང་སྨན

ལ་འགོག་ནུས་འབྱུང་སླ་བས་འགོག་བཅོས་ཀྱི་ཕྱོགས་ནས་དཀའ་ཁག་བཟོ་བ་ཡིན། (རི་མོ 6–3)

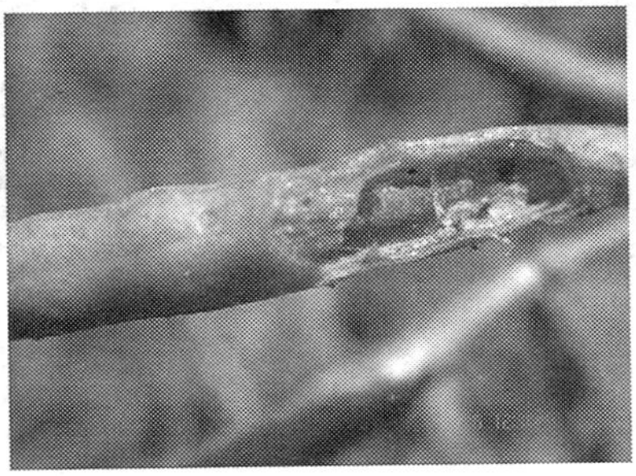

རི་མོ 6–3 མེ་ལྕེབ་འབུ་ཕྲུག་གི་གནོད་པ།

(ལྔ) པད་ཁའི་རྣ་འབྲས་ཀྱི་ཞིང་འབུ།

པད་ཁའི་རྣ་འབྲས་ཀྱི་ཞིང་འབུ་ནི་མང་ཆེར་མེ་ཏོག་གི་དུས་དང་རྣ་འབྲས་ཀྱི་དུས་འབྱུང་བ་ཡིན། འབུ་ཕྲུག་གིས་པད་ཁའི་རྣ་འབྲས་ཟ་ཞིང་གནོད་འཚེ་ཐོག་པའི་གང་བུའི་སྟེང་དུ་ཨི་ཁུང་འབྱུང་བ་ཡིན། འབུ་ཕྲུག་རྣ་འབྲས་ནང་འཛུལ་ཏེ་འབྲུ་རྡོག་ཟོས་ཏེ་གང་བུ་སྟོང་པར་བཟོ་བ་ཡིན། སྤྱིར་བཏང་པད་ཁའི་ཞིང་གི་མཐའ་བཞིར་གནོད་འཚེ་ཐེབས་པ་ཉུང་ལྷི་བ་ཡིན། པད་ཁའི་གང་བུར་གནོད་པ་བཟོ་ཚད 10%ཡན་ཡིན་ཞིང་། གནོད་པ་ཐེབས་པའི་རྣ་འབྲས་ནང་འབྲུ་རྡོག 2 ~3ཙམ་ཁོན་ལུས་པར་བྱེད་པ་དང་ཐན་ཤུན་སྐམ་སྟོང་པ་བཟོ་བ་ཡིན། སྤྱིར་བཏང་གནོད་པ་ཐེབས་པའི་ཞིང་ཁའི་ཐོན་ཚད་ཀྱི་གྱོང་གུད 15%ཡས་མས་ཡིན་པ་དང་། གནོད་པ་ཚབས་ཆེན་ཐེབས་པའི་ཞིང་སའི་ཐོན་ཚད་ཀྱི་གྱོང་གུད 50%ཡས་མས་ལ་བསླེབ་ཅིང་། ཐན་གཅིག་ཀྱང་མི་ཐོན་པ་བཟོ་བ་ཡིན། (རི་མོ 6–4དང་རི་མོ 6–5)

རི་མོ 6–4 ན་འབྲས་ཀྱི་ཞིང་འབུ་དར་མ།

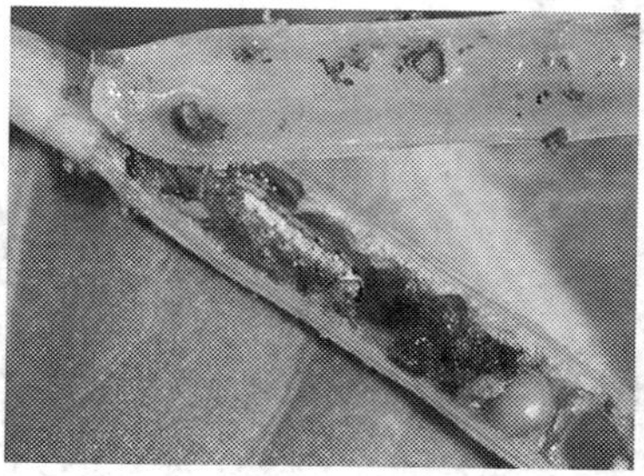

རི་མོ 6–5 ན་འབྲས་ཀྱི་ཞིང་འབུ་འབུ་ཕྲུག་གི་གནོད་པ།

(དྲུག)འགོག་བཅོས་བྱེད་ཐབས།

པད་ཁའི་འབུ་སྐྱོན་གྱི་འགོག་བཅོས་ལ་ཞིང་ལས་ཀྱི་འགོག་བཅོས་དང་སྨན་རྫས་ཀྱི་འགོག་བཅོས་ཟུང་དུ་འབྲེལ་བའི་ཕྱོགས་བསྡུས་འགོག་བཅོས་བྱེད་ཐབས་སྤྱོད་དགོས་པ་མ་ཟད། ད་དུང་སྔེབ་འགོག་དང་མཉམ་འགོག དུས་ཐོག་ཏུ་འགོག་པ་དང་གཅིག་བསྡུས་ཀྱིས་འགོག་པ་བཅས་བསྒྲུབ་ཐུབ་དགོས།

1.ཞིང་ལས་ཀྱི་འགོག་བཅོས། ལུགས་མཐུན་གྱིས་སོག་ཞུལ་བཀོད་སྒྲིག་བྱེད་ཅིང་། བསྟུད་འདེབས་བྱེད་པར་གཡོལ་དགོས། དུས་ཐོག་ཏུ་ཞིང་ནང་དང་ཞིང་ཁ་ཞིང་གཉའ་ཡི་རྩྭ་ལྷུམ་དང་སྡོང་རྐང་རྙམ་པོ་དང་ལོ་མ་རྙིད་པ་གཙང་སེལ་བྱེད་པ་དང་། སྤྲ་མོ་ནས་སྟོན་ལོག་གཏིང་དུ་བརྒྱབ་སྟེ་འབུ་ཡི་འབྱུང་ཁུངས་རྩ་མེད་བཟོ་དགོས།

2.སྨན་རྫས་ཀྱི་འགོག་བཅོས། གཅིག་ནས་མ་བཏབ་སྔོན་དུ“ཧྲི་ལེ་ཧྲི”ས་བོན་འཚོ་བཅུད་རྫས+འབུ་འགོག་སྨན་རྫས་བཀོལ་ཏེ་གཅིག་གྱུར་གྱི་སྒོ་ནས་སྨན་རྫས་ཀྱིས་ས་བོན་བསྒོག་ནས་པད་ཁའི་འབུ་འཛིང་རིང་དང་ཕྲུར་འབུ་ཟ་འཛུར། ཞིང་ཕྲུར་རྒྱབ་སེར་སོགས་འགོག་བཅོས་བྱེད་དགོས། གཉིས་ནས་འབུ་

སྐྱོན་བྱུང་བའི་དུས 4.5%ཅན་གྱི་ཀཱའོ་ཞའོ་ལུའི་ཆེང་རྡུས་གྲི་འོ་སྨན་ཆ་ལྷབ 1 500ལ་བསྙེབས་པའམ 20%ཅན་གྱི་ལུའི་ཁྲུང་ཕུན་ཏྲ་ཞན་ཨན་གཡེང་རྫས་ཆུ་ལྷབ 1000ལ་བསྙེབས་པ་དང་། 5%ཅན་གྱི་ཀྲུ་ཁྲུང་ཅིང(རྡུའི་ཅིང་ཐེ)གཡེང་རྫས་ཆུ་ལྷབ 2500དང་བསྙེབས་པ་བདམས་སྤྱོད་བྱས་ཏེ་གཅིག་སྒྱུར་གྱིས་སྨུག་གཏོར་བྱས་ནས་འགོག་བཅོས་བྱེད་དགོས་ཤིང་། ཉིན 7~10རེའི་མཚམས་སུ་ཐེངས 1དང་བསྐྱོམས་པས་ཐེངས 2~3ལ་གཏོར་དགོས། གང་ཐུབ་ཀྱིས་སྨན་རྫས་སྣ་ཁ་འགའ་ཤས་བསྟོལ་མར་སྤྱོད་ཐུབ་པ་དགོས།

3.སྐྱེ་དངོས་ཀྱི་འགོག་བཅོས། གཅིག་ནས 1.8%ཅན་གྱི་ཨ་ཕེ་རྡུན་སུའུ་བཀོལ་ཏེ་ཆུ་ལྷབ 2 000དང་བསྙེབས་ནས་སྨུག་གཏོར་བྱེད་ཆོག་པ་དང་། གཉིས་ནས་པད་ཁའི་ཞིང་ནང་གི་མདོག་གཞན་འབུ་སྐྱོགས་དང་རྡུས་སྤལ་གྱི་རི་མོ་ཅན་གྱི་འབུ་སྐྱོགས། འབུ་གཟན་སྦྲང་ནག ཚལ་འབུ་མེ་ལྕེབ་ཟ་བའི་སྦྲང་མ། ཚལ་འབུ་མེ་ལྕེབ་སྤུབས་སྐོང་ཟ་བའི་སྦྲང་མ་སོགས་རང་བྱུང་གཉེན་པོ་ཡི་རིགས་ཁྱུ་ལ་སྲུང་སྐྱོབ་བྱས་ཏེ་རང་བྱུང་གཉེན་པོ་ཡིས་ཚོད་འཛིན་བྱེད་པའི་ནུས་པ་འདོན་སྤེལ་བྱེད་དུ་བཅུག་ནས་སྨན་བཟོད་ནུས་པ་ལྡན་པའི་གནོད་འབུ་སྒྲོ་ཧྲམ་ཆེན་པོས་འབྱུང་བར་ཚོད་འཛིན་བྱེད་དགོས།

གཉིས། པད་ཁའི་གཉན་སྲིན་གཙོང་ནད་འབྱུང་བ་དང་འགོག་བཅོས།

(གཅིག)ནད་རྟགས།

པད་ཁའི་གཉན་སྲིན་གཙོང་ནད་ཀྱི་གནོད་པ་ཡིས་སྡོང་རྐང་སྐམ་ནས་ཐོན་ཚད་མར་ཆག་ཏུ་འཇུག་པ་དང་། སྣུམ་གྱི་འདུས་ཚད་མར་ཆག་པ། ས་བོན་གྱི་རྒྱུ་ཕྲུས་ཞན་འགྱུར་སོགས་འབྱུང་བར་བྱེད་པ་ཡིན། གཉན་སྲིན་གཙོང་ནད་པད་ཁ་ལ་འགོས་པ་ན་པད་ཁའི་ས་ཁའི་ཁག་གི་དབང་པོ་སོ་སོ་ཚང་མར་ནད་འགོ་ཞིང་། དུས་སྐད་དུ་སྡོང་ཡུ་ལ་ཤུགས་རྐྱེན་ཐེབས་པ་ཆེས་ཆེ་བ་ཡིན། པད

ཁའི་གཉན་སྲིན་གཙོང་ནད་ཀྱི་ནད་རྟགས་ཁྲ་ཐིག་ནི་ཐོག་མར་སྣད་ཚའི་སོ་མའི་སྙིང་འབྱུང་བ་ཡིན། སོ་མའི་སྙིང་གི་ནད་ཀྱི་ཁྲ་ཐིག་ནི་སྒོར་དབྱིབས་སམ་དབྱིབས་ངེས་མེད་དུ་མངོན་ཞིང་། མདོག་ཁམ་སེར་རམ་དཀར་སྐྱ་ཡིན། དཔེ་མཚོན་ཅན་གྱི་ནད་ཀྱི་ཁྲ་ཐིག་ལ་ལྟེ་མདའ་གཅིག་པའི་འཁོར་རིས་དུ་མ་བརྩེགས་ནས་ཡོད་པ་མཐོང་བ་དང་ནད་རྟགས་ཁྲ་ཐིག་གི་རྒྱབ་ངོས་མདོག་སྔོ་ནག་ཏུ་མངོན་པ་ཡིན། ཞིང་ཁའི་བརླན་གཤེར་གྱི་ཚད་ཆེ་བའི་དུས་སུ་སྲིང་བལ་ཆུས་བངས་པ་ལྟ་བུའི་རྣམ་པ་མདོག་དཀར་པོ་མཐོང་བ་ཡིན། སྡོང་ཡུ་དང་ཡལ་གའི་ནད་རྟགས་ཁྲ་ཐིག་ནི་འཕང་དབྱིབས་སམ་ནར་རིང་དབྱིབས་དང་། མདོག་ཁམ་སྐྱ་ཆུས་བངས་པའི་རྣམ་པ། རྗེས་ནས་རིམ་གྱིས་མདོག་དཀར་སྐྱ་རུ་འགྱུར་ཞིང་། བརླན་གཤེར་གྱི་ཚད་ཆེ་བའི་སྐབས་ནད་ཡོད་སའི་ཁག་མཉེན་རུལ་དང་ཕྱི་ངོས་སུ་སྲིང་བལ་དབྱིབས་ཀྱི་མདོག་དཀར་པོའི་རྣམ་རིམ་པ་ཞིག་ཆགས་ཡོད་པ་དང་། ནང་ཁྲུལ་ཁོག་སྟོང་ཡིན། དུས་སྨད་དུ་ཅོག་ཏུག་གི་རྣམ་པའི་གཉན་སྲིན་མཐོང་ཐུབ་པ་དང་སྐམ་རྗེས་ཕྱི་ཤུགས་གས་ཤིང་། ཚི་སྣ་ཕྱིར་མངོན་པ་ནི་གསོ་མའི་སྐྱུད་པ་དང་མཚུངས། མེ་ཏོག་གི་འདབ་མར་ནད་འགོས་པ་ན་སྨུམ་རྩིའི་རྣམ་པའི་ཁམ་མདོག་གི་ཁྲ་ཐིག་ཆུང་ཆུང་མངོན་པ་ཡིན། ན་འབྲས་ལ་ནད་ཐོག་པ་དེ་སྡོང་རྐང་དང་ཡལ་གའི་ནད་རྟགས་ཁྲ་ཐིག་དང་འདྲ་བ་སྟེ་ནད་ཡོད་སའི་ཁག་དཀར་སྐྱ་དང་ཕྱི་ཤུགས་རྩུབ་ཤས་ཆེ་བ་ཡིན་ལ། ནད་ཅན་གྱི་ན་འབྲས་ཁ་ཤས་ཀྱི་ཕྱི་རུ་སྲིན་སྐྱུད་དཀར་པོས་བཏུམས་ཏེ་གཉན་སྲིན་ཆུང་བ་གྲུབ་ཡོད། (རི་མོ 6–6)

(གཉིས)འགོག་བཅོས་བྱེད་ཐབས།

པད་ཁའི་གཉན་སྲིན་གཙོང་ནད་ལ་ཞིང་ལས་ཀྱི་འགོག་བཅོས་དང་སྨན་རྫས་ཀྱི་འགོག་བཅོས་ཟུང་འབྲེལ་བྱེད་པའི་ཕྱོགས་བསྡུས་འགོག་བཅོས་ཀྱི་བྱེད་ཐབས་སྤྱོད་དགོས་པ་ཡིན།

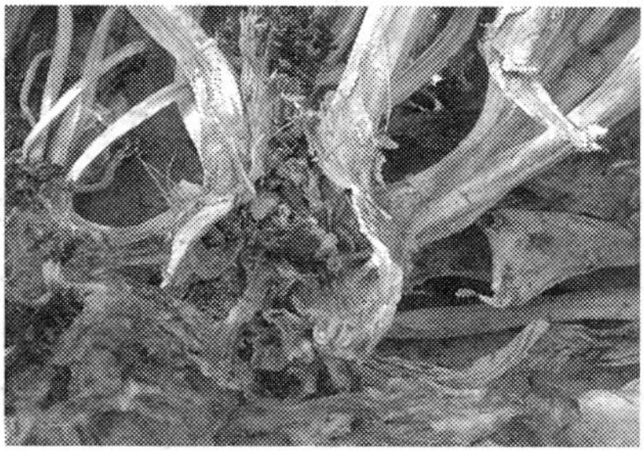

རི་མོ 6–6 པད་ཁའི་གཉན་སྲིན་གཙོང་ནད།

1.ཞིང་ལས་ཀྱི་འགོག་བཅོས། ①གྲོ་དང་པད་ཁ་ལོ་གཉིས་ཡན་གྱི་རེས་འདེབས་བྱེད་པ། ②གཉན་སྲིན་གཙོང་ནད་འགོག་པ་ཅན་དང་ནད་འགོ་བ་ཡང་མོའི་རིགས་ཀྱི་ས་བོན་བདམས་སྤྱོད་བྱེད་པ། སྤྱིར་བཏང་དུ་སྤུས་ལེགས་ཀྱི་པད་ཁ་ཡིན་ན་སྨུ་གུའི་དུས་ལོ་མ་ལྗང་ནག་ཡིན་པ་དང་མེ་ཏོག་བཞད་པ་ཙུང་འཕྱི་བ། མེ་ཏོག་གི་དུས་ཐུང་བ། ཡལ་གའི་གནས་ཙུང་མཐོ་བ། སྡོང་རྐང་གི་མདོག་སྨུག་པོ་ཡིན་པ། སྦ་ཞིང་མཁྲེགས་པ་ཉལ་འགོག་ནུས་པ་དྲག་པའི་ས་བོན་ནད་འགོ་བ་ཡང་མོ་ཡིན་པ་རེད། ③པད་ཁ་འབྲིག་སྟུད་མ་བྱས་སྔོན་གྱི་ཉིན 2~3ཀྱི་མཚམས་སུ་ཞིང་ཁའི་ནད་མེད་པའི་སྡོང་རྐང་ངམ་ནད་མེད་པའི་སྡོང་རྐང་གི་གཙོ་མདའ་བདམས་ཏེ་ས་བོན་དུ་བསྐྱུར་དགོས། ཞིང་ཁ་ནས་བདམས་བསལ་བྱས་མེད་པའི་ས་བོན་ནི་འདེབས་པའི་སྔོན་ལ་ས་བོན་ནང་འདྲེས་པའི་གཉན་སྲིན་ཆེན་པོའི་རིགས་འདོར་སེལ་བྱེད་དགོས་ཤིང་། 10%ཅན་གྱི་ཚྭ་ཆུ་བཀོལ་ནས་ས་བོན་འདེམས་པ་སྐྱེ་ནད་ཅན་གྱི་ས་བོན་དང་འབྲུ་ཤམ་གང་བའི་འབྲུ་རྡོག གཉན་སྲིན་ཆུང་བ་བཅས་གཙང་སེལ་བྱས་ཏེ་མར་ནུབ་པའི་ས་བོན་གཙང་མར་བཀྲུས་ནས་བསིལ་སྐམ་བྱས་རྗེས་ས་བོན་འདེབས་དགོས་པ་ཡིན། ④མེ་ཏོག་གི་དུས་སུ་སྡོང་རྐང་གི་དཀྱིལ་དང་སྨད་ཀྱི་ནད་ཀྱིས་སེར་པོར་གྱུར་ཏེ་

རྒྱས་པའི་ལོ་མ་ཐེངས 1 ~3ལ་བཏོགས་ནས་ཞིང་ཁའི་ཕྱི་རོལ་དུ་ཁྱེར་ཏེ་ཐག་གཅོད་བྱེད་དགོས། ལུགས་མཐུན་གྱིས་ཏན་ལུད་བེད་སྤྱོད་བྱས་ཏེ་པད་ཁ་ལ་མེ་ཏོག་བཞད་དེ་ར་འབྲས་འདོགས་པའི་དུས་སྡོང་རྐང་སྔར་བཞིན་སྔོན་པོར་གནས་ཏེ་ཉལ་བའམ་ལུད་དང་བྲལ་ནས་སྤྲ་ཉམས་འབྱུང་བར་གཡོལ་དགོས། ⑤པད་ཁ་འབྲིག་སྦྲུད་བྱས་རྗེས་པད་ཁའི་སོག་མ་འབལ་བ་དང་། འབྲུ་གུ་བཏོན་རྗེས་ཀྱི་སྡོང་ཡུ་ལྷག་རོ་དང་འབྲས་སྙིགས་དང་བཅས་པ་གཅིག་བསྡུས་ཀྱིས་ལུད་བསླལ་བའམ་མེ་ལ་བསྲེགས་ཏེ་ལོ་རྗེས་མར་གཉན་སྲིན་འགོ་བའི་འབྱུང་ཁུངས་རྩེ་ཉུང་དུ་གཏོང་དགོས།

2.སྨན་རྫས་ཀྱི་འགོག་བཅོས། པད་ཁའི་མེ་ཏོག་གི་དུས 405ཅན་གྱི་རྫུན་ཏེ་ཅིང་གཤེར་རྡུང་ཕྱེ་སྨན་བཀོལ་ནས་ཞུན་ཁུ་ལྷབ 1000 ~1500དང་བསྲེབས་པའམ 3%ཅན་གྱི་རྫུན་ཏེ་ཅིང་ཕྱེ་སྨན་བཀོལ་ནས་འགོག་བཅོས་ཐེངས་གཅིག་བྱེད་ཆོག་ལ། 25%ཅན་གྱི་ཏོ་རྫུན་ལིན་གཤེར་རྡུང་ཕྱེ་སྨན་མུའུ་རེར་སྐོང་ཁ 150ཆུ་སྐོང་ཁ 75~125དང་བསྲེབས་ནས་སྦྲུག་གཏོར་བྱས་ཏེ་འགོག་བཅོས་བྱས་ཀྱང་ཆོག་པ་ཡིན། སྨན་གཏོར་བའི་དུས་ཚོད་ནི་མེ་ཏོག་རབ་ཏུ་བཞད་པའི་དུས་ལོ་མར་ནད་ཅན་གྱི་སྡོང་རྐང་གི་གྲངས་ཚད 10%ཡི་ཡན་དང་། སྡོང་ཡུ་ལ་ནད་ཅན་གྱི་སྡོང་རྐང་གི་གྲངས་ཚད 1%གི་མན་གྱི་སྐབས་གཏོར་དགོས་ཤིང་། གཏོར་སའི་གནས་ནི་སྡོང་རྐང་གི་དཀྱིལ་དང་སྨད་ཆའི་གཉེར་སྐྱེས་ལོ་མ་གཙོ་གནད་དུ་འཛིན་དགོས་ལ། ད་དུང་ཞིང་ཁའི་ཞིང་ལས་ཀྱི་བྱེད་ཐབས་དང་ཟུང་འབྲེལ་གྱིས་ཕྱོགས་བསྡུས་འགོག་བཅོས་བྱེད་དགོས་པ་ཡིན།